U0359494

王伟斌 主编

玉道

㊂ 玉之美

九州出版社 JIUZHOUPRESS ｜全国百佳图书出版单位

引 言

千百年来，玉为佩，为饰，为祭器，为兵器，为礼器，为葬器，为陈列器，为把玩器，形成纷繁复杂的种类和变化多端的造型。更不断倾注着历代工匠的心血和智慧，承载着先哲的思想、帝王的理念、文人的情思，成为最能反映中华美学思想的器物之一。

从史前到清代的玉器中，其美学风格由抽象逐渐过渡到写实，又从写实慢慢回归到抽象。从神秘化到仪式化，从风雅化到世俗化，最终在清代达到各种美学手法综合运用的巅峰期。由狞厉刚劲发展到圆润流畅，由巫、王、礼而走向民间，更进一步成为独立发生发展的中华传统艺术体系。

玉器自始至终贯穿着其所特有的象征性意义，从尽其精微、致其广大的角度折射着中国古代伟大的美学思想，其丰厚的美学意蕴和价值让人迷醉其间，物我交融。

琢玉的艺术在每一个历史阶段都有新的时代创新与发展，形成了各个时期鲜明的时代特征，各个时期的美学思想相互呼应，相互印证。琢玉的文化在形成与发展过程中，产生了无与伦比的视觉享受和美学意义，我们称之为玉之美。

目 录

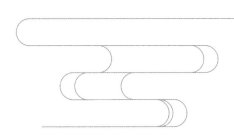

第一章

宛如凝脂

美玉的天然之美

"

玉美而尊，却从不张扬。它自天地中脱生，
和光同尘，与风雪雨雾、雷电水火相亲，人间
给它的欢爱，只是自然中微小的那一束光辉，
于它千万年的生命不过短短一瞬。

"

闪软辉硬，各自倾城

　　玉从远古倾力而生，孕育在无边的山腹和广袤的河床之中，于天地间任由大自然恣意琢磨，生出一种沧桑又新鲜雀跃的魂魄，闪着迷人光芒流入人间。人间是个尚美的地方，千百年来形成了自己独特的美学——人类钟爱美好的外形、温和的灵魂和柔润的触感，很多人穷极一生都在寻找一个这样美好的伙伴。于是当玉出现时，人们似乎看到理想中最完美的所求，便争相去给予宠爱。

　　物与人一样，被偏爱就有尊贵的地位。玉从万年前被发现，就已经写入了人类仰视的上古神话中。那位从混沌中苏醒，以一己之力撑起了天地的盘古，竭力而亡后身体各部分变成了山川大地、花草水流，其中骨髓变成了玉石、珍珠，闪耀世间；苍穹破裂，万物在被破坏的大自然中苟延残喘，大地之母女娲炼就五彩玉石补住天漏，庇护了众生；尧帝把王位禅让给舜的那一刻，感天动地，连女神之首西王母都赶来参加受禅大典，她带了一块昆仑山的玉玦作为礼物，送给了舜帝，表示天庭对舜帝的认可。

玉美而尊，却从不张扬。它自天地中脱生，与光同尘，与风雪雨雾、雷电水火相亲，人间给它的欢爱，只是自然中微小的那一束光辉，于它千万年的生命不过短短一瞬。正是如此低调恬静，人类更是对其爱不释手，不断发掘和探究，终于在岁月漫长的推磨下找出了各种各样的玉之美。

欣赏玉的美，最先造成印象的便是质地，而玉的分门别类也都是从质地入手。大抵是要从色泽、形状来区分，玉会分成无数

白玉双耳熏炉

门类，于是经过长久的摸索和商议，终于以软硬度为主要标准，将玉从广义上分成了软玉和硬玉。

软玉，科学赋予的解释是"闪石类中某些具有宝石价值的硅酸盐矿物。所以又被称为闪玉。细小的闪石矿物晶体呈纤维状交织在一起构成致密状集合体。硬度为6~6.5"。而美学赋予的定义是软玉质地坚韧，色泽光洁，气质温润柔美、细腻含蓄。从古至今发现和运用的玉器、玉饰都是软玉，最常见的便是和田玉，于是如今一提及软玉，通常是说和田玉。

硬玉，"辉石族中的钠铝矽酸盐。细小的晶体紧密交织而成的致密块状集合体。所以又被称为辉玉。硬度为6.5~7"。听起来生硬晦涩，却难以掩饰它的至美之态——硬玉色彩斑斓，除了

翡翠白菜摆件

净白，还有绿、紫、黑、褐、粉等等，以浓艳的翠绿色和细腻的质地最为高贵。浪漫的先人们觉察出硬玉特别像中国古代生活在南方的一种鸟，这种鸟毛色美丽，有绿、红等颜色，雄性为红，名唤"翡"；雌性为绿，名唤"翠"，于是便将硬玉以翡翠命名。

无论软玉还是硬玉，皆流连于山间，以青山为母胎，有的滚落河床支流，以绿水为滋养，可它们却性格迥异，带着各自的明媚与苍茫。

软玉温婉简约，色彩轻柔，明净澄澈，如少女初成，含羞带腆，半遮半掩，幽明相间；又似谦谦君子，儒雅有礼，惊才绝艳。总是要细细欣赏才能看到它的高洁与灵气，于是中国传统的玉文化，说的都是软玉。

硬玉刚强张扬，盈色灿灿，夺目绚丽，如轻熟的女性历经风雨却韵味十足，耐人追寻；如老沉的男人心怀千千结，外表严肃稳重。不需要多少时间琢磨，面对硬玉只需惊鸿一瞥便足以惊心动魄。

软硬之玉，都有倾国之美。由于软玉在中国土生土长，硬玉明朝末年才流入中国，因此人们常常谈论起的玉之美，大多是针对软玉而言。

刚柔并济，美成品德

　　再仔细些推敲，软玉或者说玉的质地之美，是一种直观上的坚韧——强固有力不易摧毁，又是百折不挠极具耐力，否则也不会被神话选中，成为女娲补天的功臣。《红楼梦》里说到，那存活于神话中的补天巨石一共三万六千五百块，单剩一块未用，被女娲扔在了青埂峰下。顽石被抛弃，觉得自己无才，不堪大用，便心声怨愧日夜悲哀。后来经过历练，竟然有了灵性，幻化成通灵宝玉游戏人间。

　　玉从高山而生，天然的高峻独立的基因，生就一副坚硬的模样，耐敲耐打，经琢经磨。可玉也刚烈，若粗暴相对——猛击猛砸，它纵粉身碎骨也不会折挠。看似温柔，却有桀骜的骨头，于是北朝东魏的元景皓说"大丈夫宁为玉碎，不为瓦全"。

文天祥也将自己的砚台取名"玉带生"，以"紫之衣兮绵绵，玉之带兮潾潾，中之藏兮渊渊，外之泽兮曰宣，呜呼！磨尔心之坚兮，寿吾文之传兮"刻于砚上。这一方砚，通身泛着紫光，本是端溪老坑石材，偏偏砚身有一石脉隐隐浮现，似是紫衣上的一条玉带。玉石从来坚韧纯洁，文天祥便以玉入砚名，以明心志。他带着"玉带生"上阵杀敌，兵败后被元军所俘，因拒绝投降而被囚禁折磨。苦恨之下，他蘸着"玉带生"中的墨汁，写下了"人生自古谁无死，留取丹心照汗青"。

舍生取义的文天祥

英雄气概，就是这种刚直，心存正义，永不变节。痴情又何尝不是这样，随爱漂泊处处可以是天堂，一旦变质心生游离，爱就失去了贞烈，再难拾起美好。为爱而生的人，同样是宁为玉碎不为瓦全。

然而玉在坚韧中也有温柔，只要顺着玉的纹路打磨雕琢，就是举世无双的美物，形态也千变万化。可以是美女发髻的一根玉簪，可以是公子腰间的一块玉佩，可以是富贵人家的雕栏玉砌，可以是寻常百姓的玉瓶玉壶。看上去圆滑细软，柔顺可爱。刚柔并济，方成大器。

玉的坚韧细腻都在于此。

玉还有一美，被称作"温润以泽"，说的是玉的油脂和光泽。曾有人举过例子，把一锅热乎乎的羊油倒在一团皮毛上，双手捧起羊油裹着的皮毛不断揉捏。皮毛因为不同方向的受力而挤压交织，羊油融入其中也越来越紧实，紧到揉捏不动，那一团东西冷却成块，看上去并不耀眼，但油脂感混着细细的纹路却格外引人注目，这便是和田玉的温润以泽——油脂般的光泽，没有距离感，总是令人忍不住亲近。

人也如此，温润而泽的气质让人想靠近，孔子说，这便是仁；

许慎说，润泽以温，仁之方也。玉有此品德，人也该如玉一样，坚韧细腻又温润仁爱，这像极了中华民族的特有性格。

说来有趣，玉天生天养，人万物灵长，中华民族以玉的德行约束人类，又以人来验证玉的品格，是人还是玉，是中华民族选择了玉，还是玉选择了中华民族，在长年累月的比附中早已模糊了界限。

玉的另一美是无瑕。

美玉于前，光从对面射来，玉身通透，鲜见杂质，纯洁干净，是一个至真无邪的灵魂，不谙世事，不通俗世的人情，没有欲望缠身，没有好坏美丑的分别心，一切都追随天性，尚未被红尘污染，一切都是如初的模样。

这种无瑕之美，不分白玉、墨玉、青玉等等，只要是上等之玉，就可以透出光亮，只是有强弱之分，像青玉做成薄胎可略透光亮，墨玉便更弱一些。

中国人心心念念追求的，就是这种至纯之美，古时更是以此为最高等级，于是天命之子的皇帝要用纯色的玉来彰显德行与权力。《周礼·考工记》中说："天子用全，上公用龙，诸侯用瓒，伯用将。"全，纯色也。龙、瓒、将，都是杂色。

纤尘不染，品格贵重，自是不懈追求。但人世浮沉，生活不易，都非圣贤，错漏难免，难以做到无瑕。只要心存善意，知悔感恩，就像一块美玉多了一个小小的瑕疵，瑕不掩瑜，也能得到原谅。

坚韧细腻，温润而泽，无瑕之美，人间最好的品德，都系在一块玉石身上，以此为符，便真如人类对玉的美好期许那样，可免遭厄运，可逢凶化吉，亦可成就一种难能可贵的幸福。

玉之美色，单双皆宜

玉的质地，如同美人，一眼看去是妙手雕成，极尽妍态，终归是视觉在先，所以皮相尤为打眼。于是玉之美，在骨也在皮，在骨为玉德，在皮为玉色。

东汉王逸说玉有五色，白如截肪、绿如翠羽、黄如蒸栗、赤如鸡冠、黑如纯漆；《玉经》记载玉有九色，玄如澄水，曰瑿。蓝如靛沫，曰碧。青如藓苔，曰瑾。绿如翠羽，曰瓐。黄如蒸栗，曰玵。赤如丹砂，曰琼。紫如凝血，曰璊。黑如墨光，曰楷。白如割肪，曰瑳。赤白斑花，曰瑛。

五色九色都是人的爱美之心，古来都是如此。美要不拘一格，美要丰富多彩，美是千姿百态，美是独一无二。为了更好地区别美色，后人更倾向于将玉色分为单色与双色。

白玉并蒂花插

单色，自是蓝如天空，绿似湖面，清如泉水，明如白昼，越是单一纯粹，越是有一种专注之美，从生而往都只有这一种颜色，亘古不变。

单色的色系非常丰富，大致可以分为白色系、绿色系、黄色系、黑色系、褐红系等。

白色系又多有不同，有羊脂白、雪花白、梨花白、象牙白、鱼肚白、糙米白、鸡骨白等等，其中以羊脂白最受宠爱，世人称其为"玉王""玉英"。然而奇特的是，人们对白的追求充满了偏执，而真正上等的羊脂白玉却并非纯白，里面隐隐藏着淡黄色或淡灰色。精于探究的人发现，羊脂白玉中含有少量的碳素，它和氧化铁一起影响了玉的色泽。

世上本没有一尘不染的洁白，也没有绝对的美貌，所谓审美从来都是结合了个人的观感与经验。白玉也是如此，它天生天养，不会为了谁而粉饰，就这样赤裸裸而来，坦荡又自信，美好与否都关乎个人的眼光。

绿色的玉有青白玉、青玉、碧玉。青白玉青中带白，实为浅绿；青玉白色逐渐变浅，绿色加重；碧玉绿色最重，有暗绿色、墨绿色最为常见。跟白玉一样，绿色的玉中含有丰富的氧化铁，含量

碧玉鲶鱼寿星摆件

越高，绿色越深。

在绿色系列中，碧玉得到最多钟爱，从古便有无数诗句以碧玉为喻，写歌舞盛景有"云随碧玉歌声转，雪绕红琼舞袖回"；写一池碧水有"何似收归碧玉池"；写青山有"江作青罗带，山如碧玉簪"；写少女又有"碧玉破瓜时，郎为情颠倒"……所有美好的风景人物都可以用碧玉比附。

就连寻常百姓为女儿取名时，也常唤作碧玉。相传在西晋年间，长沙的司马乂有个小妾，小名就叫作碧玉，因为出身寒微，所以常常自称小家碧玉。碧玉貌美，性格娇俏，能歌舞，善言道，且碧玉不拘小节，常常对夫君以爱称"贵德"相呼。由此从大家闺秀的温顺与遵从中脱颖而出，备受司马乂的喜爱。两人一生恩爱如初，不离不弃，传为佳话，后朝诗人孙绰以此为本写了一首《碧玉歌》：

碧玉小家女，不敢攀贵德。感郎千金意，惭无倾城色。
碧玉小家女，不敢贵德攀。感郎意气重，遂得结金兰。

从此小家碧玉便成了"秀而不媚，清却不寒"的小户人家女儿的代称。传说的真假难以考究，但碧玉却的确有着"秀而不媚，清却不寒"的独特气质。它身披浓郁的绿色，比白玉更加接近春

小家碧玉的故事

天的感觉，总是有绿叶簇簇的生机与活力，秀美于外却不妖媚，
于是诗人便拿它来形容初春的绿柳，"碧玉妆成一树高，万条垂
下绿丝绦"。

　　不过这清幽之物究竟是否属于和田玉，倒是众说不一。《中
国和田玉》说"在昆仑山和阿尔金山地区还产碧玉，也为软玉，
成因与超基性岩有关，如同加拿大碧玉和新疆玛纳斯碧玉，但不
属于和田玉范围。"但还有很多专家学者认为，昆仑山的碧玉也

是和田玉。这种纷争倒是为碧玉增添了一抹神秘之色，更显得楚楚动人。

　　黄色玉系，区分起来更是细致，有黄色、米黄色、蜜蜡黄、栗色黄、秋葵黄、葵花黄、鸡蛋黄、半色黄、黄杨黄等，其中"栗色者为贵，谓之甘黄玉，蕉黄色次之。"颜色如此之多，产量却极少，价值不亚于羊脂玉，甚至明朝戏曲家高濂说黄玉才是玉中之王，羊脂玉都在其次。他说五方之中，中央为黄，西方才是白，以中

黄玉松下赏月山子

墨白玉山水人物笔筒

为尊，黄色为上。虽然后人有驳斥，笑他痴傻荒谬，但黄玉的珍稀得到了世人的认可。不要说像极了鹅黄色的甘黄，类似老酒泛黄的焦黄，就连浅浅的淡黄都实属罕见，只有清朝传世了部分。

跟黄玉一样，黑色系中的墨玉也世间罕见。墨玉色彩并不匀称，时常以灰黑、黑点、云雾的状态示人，纯粹的漆黑十分难得。它跟青玉类似，时常隐藏其中，如若不是有所了解，很难从青玉中将它认出。

褐红色系的玉倒是很好识别，它色似红糖，于是便有个甜甜

糖玉六龙驾日摆件

的名字"糖玉"，其中也有罕见的血红色，比黄玉还要难得一见。浸染在糖玉里的氧化铁，连同褐铁矿、氧化锰一起让褐红色的玉更加鲜艳，浅时如红，浓时紫红，如女人唇间的红色，看着凌厉霸气又充满了风情。

把白、绿、黄、黑、红等颜色，以相近之色挑出，双双对比鉴赏，像是红与橙、橙与黄、黄与绿、绿与蓝、蓝与青、青与紫、紫与红等放在一起，看着颜色层次逐渐变化，即不统一又不冲突，似乎这两种色彩可以调和一起形成新的玉色，这便是玉色中的双色美，更倾向于一种观赏把玩的审美游戏，就像天坛顶上蓝色的琉璃瓦，就跟天空的蓝相呼应，又和周边的绿树相融合，十分美妙。

当然，也可以把两种反差极大的颜色放在一起，比如白与黑、红与绿、黄与紫等，对比醒目跳脱，令人眼前一亮，就像在一件俏雕的玉鹿，有羊脂玉的身体，点缀红色的梅花斑点，显得格外鲜活。

双色之美，就是搭配之美、和谐之美，是自然的包容，是海纳百川的宽广，是宇宙万物的相互融合与依仗。独来独往是美，相互映衬更是大美。

璞玉天真，自然之美

从山石中奔走人间，遇到独具慧眼的能工巧匠，才有美玉的诞生。可玉在被打磨之前，不过是一块丑陋的石头，多少人对它不以为然，即便是摆在眼前也当成废物丢弃。当年被当作宝贝的和氏璧，在被打磨出光彩之前，也不过是一块石头，三番五次遭到丢弃。直到真正开明的君主愿意剖开石头，才得以成就了此后的价值连城。

玉细，璞粗，毫无争议，但璞和玉本是一体，能欣赏美玉者先要从诸多粗陋的石头中找到璞玉。唐太宗曾跟魏征说：玉的美就藏在了石中，如果遇到良工雕琢，就是万代之宝，遇不到良工便和瓦砾没有区别。于是璞的美，是天真自然，是不假修饰，看上去粗浅朴实，内里却华美珍贵。丰富的内涵是否可以昭示天下，全凭一双识美慧眼，以及勤恳的双手，以美为心才能赋之美形。

璞玉

　　璞之美，便在于它内有高贵的质地。古人常言"璞玉浑金"，一个人虽然没有光彩夺目的外表，灵魂却熠熠生辉，就像未曾雕琢的玉石和不经冶炼的金子。遥远的魏晋，人人都说嵇康潇洒放荡，鄙夷权势钱财，一生不入仕途，而山涛却为心胸狭隘的司马氏安治天下，枉为竹林七贤。

　　可谁知道，山涛是司马懿的旁亲，却从未借此身份索要过权势，直到四十多岁才凭借自己的努力在郡里当了个小吏。山涛为官，兢兢业业，清廉公正，王戎便说他"璞玉浑金"。

　　而反过来也一样，看尽了美玉姿态，也要惦念着它曾经是块石头的模样，才能心存对自然的敬畏与钦佩，珍惜眼前所拥有的

璞玉浑金的山涛

一切。而学会了欣赏美玉，也要学会欣赏不经雕饰的璞玉，那是玉的根本，是玉最初入世的模样，不沾染人心的浮沉，没被欲望的双眼渴求过，一切都是原始的安稳与美好，值得人心生向往，并为之努力。

　　于是，内外兼修，才是玉之美。

玉道参玉之美

第二章

金声玉振

来自上古的声音

"

　　那直挺挺的身躯，硬朗朗的气度，掌管着
天下春秋，却要迈着细小的碎步，小心翼翼，
规规矩矩，身上的佩玉有节律地响着，这就是
位高者的节制。

"

佩玉将将，其声也雅

　　人间八月，夏季尚流连忘返，秋季早已伸出双手拥抱世人。天气转凉，路边开满了粉白色的木槿花，花朵簇簇，于清风中摇曳生姿。周朝的这个季节，热恋的青年男女驱车在乡间道路上，看到满目繁花便下车走走。内心跌宕起伏，脚步跟着徐徐急急，姑娘身上的玉佩随之轻轻摇动，发出清脆悦耳的叮当之声，清远悠扬，穿过了茫茫无际的花海，回荡在身畔君子的心间，随着脉搏律动，变成最丰沛的心动之声。

　　这便是《诗经·有女同车》中记载的景象，"有女同行，颜如舜英。将翱将翔，佩玉将将。彼美孟姜，德音不忘。"不知是哪位敏锐的先人发现玉石相碰会发出玎玲盈耳的美妙乐声，却毫无疑问地美好了后人的生活。周朝的礼乐文明兴盛，礼用来规范秩序，乐用来和谐精神、协调万物，《乐记》中说，乐有五音，

汉代画像砖中的出行图

对应着人间的各种人物，"宫为君，商为臣，角为民，徵为事，羽为物"，五音和谐能奏出游鱼出听的乐章，五者不乱才能构建太平和乐的大美天下。

而玉之声，则是无数乐声中清雅悠长的那个，它如风铃般在万籁俱寂中清澈作响，绵延不绝，可传出很远而余音袅袅。玉本身的尊贵也为这种声音添加了魅力，管仲说玉有九德，其中之一便是"扣之，其音清博彻远，纯而不杀"，君子的语言也该如此清新悦耳没有攻击性。东汉许慎也说："其声舒扬，抟以远闻"，玉的声音不乖张、不猖狂，似乎是从四面八方聚集起来再缓缓悠扬地向远处传播，久久不绝。

好礼乐的周人爱极了这种低调的美乐，它不像钟鼓那样声音喤喤又难以随身携带用于日常的教化与约束。谦谦君子、和蔼美人都能在身上佩戴，小小的玉石相碰，行走起来环佩叮当——心绪安宁，步步沉稳，声音便和着"宫商角徵羽"的律动，犹如诗篇，可轻轻诵唱；心烦气躁，乱了脚步，声音便杂乱无章，似是千言万语却不知如何讲述，只有情绪使然的纷杂的低声抱怨。于是周人说，佩玉相击的声音，用来节步，"使玉声与行步相中适"，端正人的仪态。

而真正有趣的是，声音的节律与大小，都与身份地位相呼应，越是位高者，玉佩越是复杂且长。古时的佩玉不单单是一块玉，而是许多部分组成，有璜、珩、环、冲牙等等。璜或珩为佩玉的上部，从两端或加上中间打孔垂下绳来悬挂其他部分——中部的玉环及左右两边的璜，以及下部的一对冲牙，或者有人爱好玉人、玉兽片等其他玉件，也可以串配其中，形成具有个人审美需求的佩饰。

玉环是整组玉佩中最能体现主人身份、地位和品德的部分，于是它要柔美可爱、高贵典雅。冲牙是清越之声的主要制造者，它的体格小巧，彼此冲撞便有乐音流出。地位越高的人，这组佩玉的构成越复杂，也越长，代表对仪态的约束越强烈。周朝的天子、诸侯，以及祭祀的人，走起路来从不敢迈大步，每一步都要落在

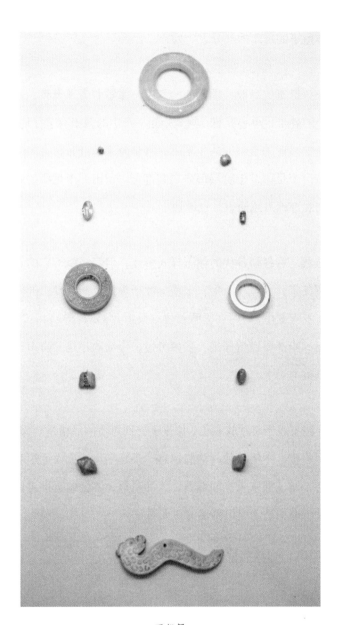

玉组佩

玉道⊛玉之美

前一步留下的足印的二分之一处。

那直挺挺的身躯，硬朗朗的气度，掌管着天下春秋，却要迈着细小的碎步，小心翼翼，规规矩矩，身上的佩玉有节律地响着，这就是位高者的节制。从上至下，脚步越来越舒张，大夫一个足印挨着一个足印，士阶层每步之间都可以留出一个足印的距离，佩玉的装饰越来越简单，也越短小。

虽然之后各朝各代的佩玉样式多变，但等级赋予它的意义万变不离其宗，玉环、玉珩、玉璜、冲牙等相互冲撞发出的声音也数千年不肯变化，时时在提醒着位高权重者，要自持、自省、自律，每迈出一步都要谨慎仔细，多多考量，牵动的不是一声声玉响，或许是整个天下。

穿越了数千年才肯相信，原来美好而可贵的品格是有声音的，它温文尔雅、不疾不徐、清脆以远、绵延于世，让人远远听到便可放心，知道那来人光明磊落、人品贵重，不会偷听谁讲话，不会以讹传讹，是个坦坦荡荡的正人君子。

玉磬编钟，金声玉振

自然的，追求美好事物的人们不会放弃那美妙的玉声，不仅要挂在身上以节步，还要用它制出各种乐器用来治愈被烦恼所困的众生。

玉被制成乐器，也多作礼乐之用。单是那玉声轻扬带来的美感，就足以让忧心忡忡变得轻松舒缓，于是先民用玉制成了几十种乐器。单《诗经》中提及的就有二十多种，其中最常出现的是玉磬，玉磬与编钟构成了一套完整的组合。有《小雅·钟鼓》中描写钟鼓铿锵的演奏场面——"钟鼓钦钦，鼓瑟鼓琴，笙磬同音"；有《周颂·执竞》描写祭祀以乐尊神灵，希冀神灵感知人间诚意并施以庇护——"钟鼓喤喤，磬筦将将，降福穰穰"。

祭祀、出征、宴饮，似乎生活所有值得铭记的日子，都有编

编磬

编钟

磬和编钟的身影。敲响它们所奏出的声音，冲破了时间的束缚，泛开漫漫历史长河，回荡在今人的耳边。孟子说它们是金声玉振，并用来赞美孔子——古时演奏以嘹亮的编钟为开始，以清远的玉磬收韵，将声音推至广而远的四面八方，和谐博远，如同圣贤之道。

编钟多是青铜铸成，在商周空旷堂皇的宫殿里摆放，在所有重要日子敲响它的争鸣之声，昭告天地，宴请四海，就连一些纠葛矛盾也可以用编钟化解。

跟编钟一样，玉磬也是成组出现，按照音阶排列，发出不同的音调，只是玉磬扁平片状，声音相对清脆，似是轻巧的叮当之声。

但玉磬并不是都由玉石制作，更多是采用可以发出乐音的石头制作。清朝戴震《乐器考》中记载："鸣球、玉磬，同谓石磬，古人于石之美者，多以玉名"。古人以玉为尊，但凡美好的石头都愿意以玉比附，于是玉磬之玉在很大程度上是一种象征，而不是特指，就像金钟有金字，却大多以铜铸成，并非都用贵重的金属。

磬从直观的视觉看，不像乐器，更像是一种劳动工具，加个把手，再打磨锋利些，就可以作为石斧劈开树干。这并不是一种想象力的欺骗，而是它的确脱胎于某种片状石制的劳动工具。在甲骨文中，磬字左边像悬着的石头，右边像拿着棒槌敲击，形象地诠释了人类劳动的景象。

或许在遥远的原始社会，我们祖先刚刚结束了一场狩猎，敲打着石头，扮成各种野兽狂欢歌舞，以示庆祝。这并不是刻意的打击，只是单纯地宣泄心中的喜悦，谁知那声音竟然十分动听，有心之人便牢牢记住，并反复斟酌，最后成为打击乐的鼻祖。

还没有文字，磬之声就已经进入了人间，传递属于智慧生物的一种欢腾。从此，凡是欢快隆重的日子，就有磬的身影，并逐渐从民间步入天潢贵胄之家，成为礼器，肩负起统治阶层祭祀、饮宴、朝聘等礼仪活动中的演奏之责。质地上也有了不同的变化，从最初的石头，到后来的铜与玉，声音从朴实变得华丽。

于是玉磬从出生就带着贵族气息，它必然是尊贵之人用来行

商代虎纹石磬

尊贵之事，价值不菲，否则春秋时候的小国也不会拿玉磬来行贿大国。《左传·成公二年》中写着，齐国被晋国所败，为了保平安，特地割让了部分城池，同时献上了纪甗（纪国宝器）和玉磬，才免于被宰割的命运。

更有诸侯国拿玉磬去换粮食，成就了历史上的一段"居官而惰，非事君也"的慷慨陈词。春秋时鲁国饥荒，鲁国大夫臧文仲劝鲁庄公拿出铸造的钟鼎宝器、珠玉财物来进行抵押，向齐国求购粮食，救助百姓的困苦。鲁庄公问该派谁去，臧文仲说，从古至今面对饥荒，都是卿大夫外出求购粮食，臣是充列卿位，自然是臣去。事后臧文仲的侍从问，国君没有指派你，你却主动请缨，这不是自己找事做吗？臧文仲便说了那段为官的至理名言："贤者急病而让夷，居官者当事不避难，在位者恤民之患，是以国家无违。今我不如齐，非急病也。在上不恤下，居官而惰，非事君也。"

汉代玉磬

鲁国大夫臧文仲

贤能的人应当争危难事而谦让容易的事，为官者在做事时不能拈轻怕重，位高者要体恤百姓的忧患痛苦，这样国家才能安定。今天我不去齐国，就是不争危难的事。位高者不体恤百姓，当官了却懒政，这不是侍奉国君该做的。

臧文仲拿着鬯圭（玉制礼器）、玉磬到齐国求购粮食，以三寸不烂之舌和诚恳的态度说服齐国，齐国不仅借出粮食还归还了这两样宝器。玉磬之珍贵，可见一斑。

岁月流向唐朝，玉磬成为宗庙祭祀、皇廷宴飨 娱乐的常驻乐器。当那透亮的声音响起，便牵动了大唐的每一次繁盛强音。或许很多人知道，杨贵妃玉环怀抱琵琶弹出妖娆动听的女儿之心，却不知道她在玉磬上也是敲击的高手。那丰腴慵懒的美人，轻轻击响玉磬，"拊搏之音泠泠然"，与她迷人端庄的高雅气质融为一体，让很多梨园弟子黯然失色，成为唐玄宗心头的一抹白月光。此后玄宗苦寻蓝天绿玉，命匠人雕琢为磬，以金钿珠翠为装饰，只为博得贵妃一笑。

　　清朝皇帝更是钟爱玉器，磬都由真正的和田玉制作。那位对一切玩物都充满热爱的乾隆皇帝，在登基的第二十一年突发奇想，命人打造十二律铸钟，王爷允禄又用和田玉造了特磬十二枚，与铸钟相配发声。

　　金声玉振，一篇乐章的始终，一场繁华礼仪的衰荣，走出了千百年礼教的约束，它们到现在还是保有动人心魄的魅力，那是人类对于美亘古不变的追寻与热爱，是一场长途跋涉的返璞归真。

以玉为管，天籁之声

坚韧如玉，敲击可出美乐，制成玉笛、玉箫、玉笙一样可以吹奏出清悠之声，于是有了"谁家玉笛暗飞声，散入春风满洛城""绪风调玉吹，端日应铜浑""玉管金樽夜不休，如悲画短惜年流""客醉倚河桥，清光愁玉箫"，古人也将玉制吹奏乐器统称为"玉吹"。

玉的清润总是给人一种美好的遐想，似乎凡是用玉制成的乐器，吹奏起来都可以使得天下清明、政道和谐、百姓安康，世上的一切矛盾困惑都能得到开释，所有丑恶灾祸都能避免。越是人世艰难，越是心怀祈愿。这便是玉吹的意义。

玉吹有别，玉笛大抵是其中最常见的一种。《西京杂记》中记载，朝歌夜弦的秦宫里珍藏着一支玉笛，长二尺三寸，二十六孔，

紫檀木嵌伎乐菩萨纹白玉插屏

吹奏起来能看到车马在山林中奔驰，隐辚相次，停下来便全都不见踪影，名叫"昭华之琯"。

此中的神秘倒与有关玉笛的一个传说十分贴切。传说在不知何年何月的一天，有一对青年男女相恋。男子出身寒门，女子出身大户，门第之见让他们相爱不能相见，只能靠竹笛传情。最终，女子被父母许配给了别人，男子做了人生中对命运最大的一次抗争——带女子私奔。

两人约定，无论刀山火海，都要共赴前程。可在私奔的当天夜里，女子在约好的渡头苦苦等待，快至天亮也没有见到男子身影，反而等来了急切寻她的家人。家人告诉她，男子接受了家族的三千两白银放弃了女子，什么情比金坚，在财富面前根本不堪一击。女子不信，爱情的忠贞就是这样一种古怪的执着，直到家人拿出男子的竹笛为凭，女子才彻底绝望，在江边痛哭，之后跳入了滔滔江水。家人急忙命人打捞，最后却只有一支晶莹剔透的玉笛浮出水面。都说那是女子滴泪成玉，以最纯洁尊贵的心捍卫了爱情的信物。

　　不知是玉笛赋予人类绝美的想象，还是人类赋予玉笛尊崇的

古籍中吹玉笛图

地位，两者在不断的纠葛中早已分不清谁是传说的主人，但只要与玉笛有关的，大多是仙乐飘飘，就像流传至今的《紫云回》，出生在唐朝，却是来自仙境。

《开天传信记》中记载，唐玄宗有一次坐朝，手不停上下按压自己的腹部。退朝后，高力士前来询问，是否龙体欠安。玄宗说，不是，我昨夜梦到在月宫游历，众仙女为我演奏了一曲，流亮清越，不是人间能听到的。临别之时，仙女又演奏一曲惜别，哀婉动人。我醒来后仍觉余音袅袅，立刻将曲谱记了下来并用玉笛吹奏。刚才坐朝时，我怕忘记，因此将玉笛揣在怀里，上下寻按它的音律。

高力士拜贺道："这真是千载难遇，陛下可为老奴吹奏一遍吗？"玄宗拿起玉笛，缥缈之声如潺潺泉水缓缓流出，推行致远，整个宫殿都有余音，真正此曲只应天上有。高力士求玄宗赐名，玄宗笑道，就叫它《紫云回》。

如今的《紫云回》，可以笛箫，可以琴筝，演化出多个版本。不知是否真是玄宗所作，只知乐曲婉转优雅，如寂静夜空低回盘旋的精灵，在唱着安抚世人的清曲，令人宁静。

跟玉笛相比，玉箫、玉笙的记载并不丰富，但玉箫在盛唐时十分风光，安禄山曾送给玄宗数百只白玉箫，陈列在玄宗教演艺人的梨园。而玉笙和玉箫，在遥远的春秋时期，曾是一段珠联璧合的传奇。

都说秦穆公最宠爱小女儿，相传小女儿周岁时抓周，在无数珍宝中选择了一块碧玉，从此爱不释手，秦穆公便为女儿取名弄玉。弄玉喜欢乐器，尤其好笙。秦穆公便将她抓周的碧玉打造成玉笙赠予弄玉。

碧玉吹箫引凤摆件

弄玉渐长，玉笙的吹奏技巧追随着俊俏的样貌越来越好。她时常在凤凰台上吹笙，每每有百鸟和鸣，悦人耳目。到了该出阁的年纪，秦穆公为弄玉寻了许多贵族子弟，都被弄玉一一拒绝。她说，她的意中人应该有和她心心相通的音乐天赋，要能和上她的笙，才能俘获她的魂。秦穆公爱女，舍不得强求，只能任由弄玉等待意中人的出现。

一个仲夏之夜，万籁俱寂，只有弄玉在凤凰台上吹笙。外面清风徐徐，竟送来阵阵柔美的乐声，那声音像从天边而来，如泣如诉，如思如慕，凄婉深沉，像是在思念遥远的亲人。弄玉被这乐声吸引，不自觉以笙相和。那乐声似是听懂了弄玉的心声，和着玉笙的节奏起伏，成就了笙箫的第一次如胶似漆的合奏。

从此之后，弄玉对乐声的主人生出相思之愁，日夜期盼寻到此人。秦穆公派人四处寻觅，终于在百里外的太华山将这个叫做萧史的年轻男子找到。他手中有一只赤玉箫，在阳光下闪着耀眼的红光，正是那晚用来应和弄玉的乐器。

萧史吹起玉箫，一曲引来清风阵阵，二曲招来四方彩云，三曲唤来百鸟合鸣。弄玉倾慕不已，终与萧史结为夫妻。成婚后的一晚，两人在月下合奏，不知从哪儿飞来一龙一凤，盘旋在凤凰台的左右，神态亲昵，似是在向二人召唤同行。弄玉朝萧史莞尔

白玉吹箫引凤摆件

一笑，内心便笃定要随龙凤而去。那一晚，弄玉怀抱玉笙乘着紫凤，萧史带着赤玉箫跨上金龙，双双飞入浩瀚星空，不见了踪影。

从此人间只有"乘龙快婿"的成语和那段隐约浮现于耳的笙箫合奏。原来幸福是有一个可以合拍的知音人，不需要多少言语，就能听懂彼此的心声。玉人何处，依旧是要固执地追随本心方能遇到。

其他玉器，各有千秋

玉琴、玉箜篌、玉律、玉尺……人们对玉如痴如醉的沉迷，迫不及待要听到玉发出的清雅之声。他们不断挖掘玉的各种可能性，呈现出繁复的乐器模样。爱之深，便不忍苛责，哪怕像雕琢一把玉琴，音色并不如木琴理想，也会认可它的声之美妙。

而玉琴、玉箜篌之类的弹拨乐器，并没有留下实物，倒是有不少传闻记载，或真或假地提到过。

《续齐谐记》中有一段记述，晋人王彦伯善于操弄鼓琴，有一晚趁夜色清宁独自到吴邮亭调琴。谁知旁边有位女子，也正在调琴，那琴声非比寻常，曲调哀怨，像极了竹林七贤嵇康所奏的《明光曲》。王彦伯一时入迷，请求女子再弹一遍。这样一夜过去，黎明时分，女子起身要走，临行时以自己绣的随身之物赠给了王

青白玉伯牙抚琴摆件

彦伯，王彦伯也把随身带着的玉琴相赠。

　　但后人推测，送出的并不是玉琴，而是琴上调音的琴轸，由玉制成。所谓玉琴也并非纯玉打造，而是木琴上面有玉饰而已。玉箜篌与玉琴面临一样的空乏——没有实物，只有记载，《南村辍耕录》里记载着：元朝宫廷里"玉瓮一，玉编磬一，巨笙一，玉笙玉箜篌咸备于前"。

倒是玉律、玉尺都有实物保留。玉律，黄帝所作，玉制的长管，上面有十二个音孔，是古老的校音器。乐器古板却也调皮，天长日久的使用总会离开乐律，荒腔走板。校音器就像个严苛的老师，校正每个走调的音符。但对于古人来说，玉律矫正的不仅是乐器，更是律法，更是人心。

于是隋文帝让大臣毛爽草定律法，毛爽便旁征博引，说明了玉律的重要性。他说黄帝创造了十二律，后来有虞氏用律相和，邹衍修改，便有了时间上的算法，以后记载历史都以元年、春、王、正月、公即位五事来推演，史称五始。玉律约束规范的不再只是音乐，还有时间。

这种音乐与时间的算法古称律吕之法，玉律中的十二音正好是十二个月，每个律调五个音级，十二个音是六十个音级，这六十个音级重复六次便是三百六十个音级，对应的正好是一年三百六十天，最后与宫、商、角、徵、羽、变宫、变徵七音相配合，便奏出了各种旋律。隋文帝由此认可玉律的重要，便命人仿制。

可历史总有数不清的悲情，玉律在南齐废主东昏侯的一时兴起下被裁短，变成了笛子，造成大量古玉律的流失，而后代虽又重新制造律管，也数量极少，南北朝时不过才有一具而已。

玉管

玉尺，玉制的律尺，生来就为了陪伴律管。律管的长短决定音阶，长短的尺度则由律尺掌管。晋时竹林七贤之一的阮咸嘲笑时为中书监的荀勖，说他制作的乐器声高显得悲戚，不合制度。后来荀勖从一个山野村夫那里得到一支玉尺，用来校对音阶，将原来的音阶统统短校一米，从此乐器声音平和嘹亮，阮咸也不得不佩服称赞。玉尺慢慢消失在音乐无情的前进中，因为它的确失去了作用，只能遭到淘汰。但这并不妨碍它成为一种新的用法——来品评和界定人品，总是要行为端正方直，温润谦逊才是最好。

　　玉律、玉尺，说到底还是一样的用处，用来规范音准，同样用来规范品行。玉呈现出的人格之美，恰好就在于拿捏好长短、急缓之间的尺度，多一分则悲，少一分则沉。更要善于利用，在尺度间游走，创造出喜怒哀乐之声，纷繁却和谐。人生的乐趣，也就在这里了。

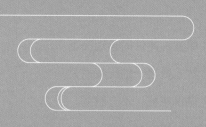

第
三
章

大象无形
天人合一的美学

"

　　玉之美，无论从自然形态还是后期人工雕琢，都小心谨慎地遵循天人合一的审美前提，欣赏自然质朴的同时，也以手工放大和修饰这种自然之美，便诞生了琢玉中"因材施艺""量料取材"的原则。

"

自然与人，和谐统一

　　那一身天生的灵气，一副自然的美貌面孔，敲响之后从远古飘然而至的美好乐声，玉的大美都藏在天地的自然气息之中。而后被挖掘，经雕琢，又生出另一种人类赋予的手工之美。至此之后，玉生于天地怀抱，又在人的双手中脱胎换骨。两次生命的给予，无非是天时地利人和的相遇。

　　关于雕琢设计，《考工记》说："天有时，地有气，材有美，工有巧，合此四者，然后可以为良。"制作工艺应该在顺应"天时地气"的前提下注意"材美工巧"，形成人与自然之间的良性沟通——顺应玉料的自然美感，在此基础上合理利用玉料。

　　说到底，是要怀揣着对自然材料的敬意，发挥人对自然材料的创造性，将客观与主观合二为一，达到人与自然的和谐统一，

中国著名雕塑家吴为山作品青铜《老子出关》

实现中国古老审美哲学中提倡的"天人合一"。这条审美线索串起了中国古老的手工艺，比如琢玉、古典家具、石雕等等。

天人合一是儒道互补的产物。"道"是老庄道学的道与气，追逐那心斋坐忘的自由境界与超越功利的无为存在；"儒"是孔孟重视的美与善、文与质的统一，是诗歌乐舞中的兴、观、群、怨，是道德上的仁、义、礼、智。

儒家对美的追求，囊括了对人与人、人与社会的关系的至高道德境界，自然景观是否具有审美特质取决于这种自然美是否符合道德标准。不是说自然具有道德属性，而是自然界的某些特质

青白玉十八罗汉山子（正面）

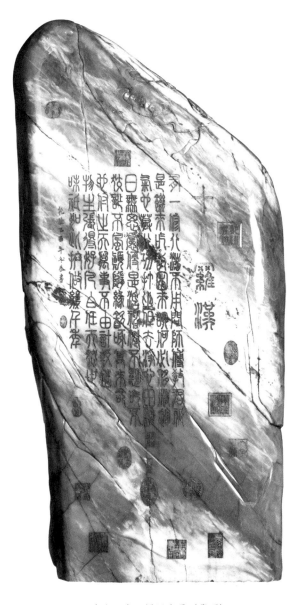

玉道㊌玉之美

青白玉十八罗汉山子（背面）

和儒家追求的道德观念有所相似，比如玉的"五德""九德"，莲花的"高洁"，梅兰竹菊的君子之风。在儒家看来，人类从自然中获得的美感，从美感中得到的愉悦，都是因为道德在它们身上有所投射，于是荀子说"故乐者，所以道乐也；金石丝竹，所以道德也"。

儒家的天人合一更倾向于伦理性、社会性，而道家所提出的自然与人的关系，则是要超越伦理性和社会性，让人丢掉欲望功利、生死是非，完整地与自然融为一体，实现高级的自由。而这种自由又并非文明的退化，不是让人回归动物的生活，而是"主动地与整个自然的功能、结构、规律相呼应、相建构"。

老子之道，是"独立而不改，周行而不殆，可以为天下母"，道在宇宙混沌、文明还不见踪影的时候就已经存在，又有"人法地，地法天，天法道，道法自然"，证明了自然之道才是人和万事万物最初和最终的形态。庄子在这个基础上提出了"心斋""坐忘""天乐""无为"等较为具体的、可以体悟到、与自然融为一体的方式。

于是在天人合一的审美哲学中，既有老庄之道所倡导的理想的美学精神，即学习鉴赏和利用非功利、无欲求、无目的的自然之美，将最直观的美感发挥到极致；又有儒家思想中的实用的美

青玉熊摆件

学精神，将自然之美寄托于有概念的、有目的的审美之中，让人能从中探寻有认知意义的内容，就像对于玉，能够欣赏它天然的材质、形态、色泽之美，也能从中寻找到纯洁、高贵、坚韧的品格。

　　玉之美，无论从自然形态还是后期人工雕琢，都小心谨慎地遵循天人合一的审美前提，欣赏自然质朴的同时，也以手工放大和修饰这种自然之美，便诞生了琢玉中"量料取材""因材施艺"的原则——要根据玉料的特质和形状来设计雕琢，一块可以做玉山的材料，就不能剖成玉镯；一块颜色丰富的玉料，能俏色便不切割去除杂色，尽量多的保留玉料。

　　而天人合一更重要的，是将玉器赋予了阶级性和约束性，成为一种礼器，这也直接影响了玉雕在形态上的发展。玉璜、玉琮、玉璧、玉圭、玉璋、玉琥等，《周礼》称为"六器礼天地四方"。

圭璧

虽然玉琮、玉璧、玉圭新石器时代就已经出现，但真正被纳入礼器还是儒学诞生之后，同时它们的设计便也赋予了天人合一的美学思想，比如圭。圭为"玉之剡上方下者"，上面锋利圆润下面方形，凡是国家大事都会以此为瑞信之物，形制大小根据不同的国事和爵位而有区别，分为大圭、镇圭、躬圭、桓圭、琬圭、琰圭等，其中琬圭顶端是圆弧形，正合它所代表的治德与结好的外交准则——外圆内方、以退为进；琰圭顶端尖锐突出，左右平整规矩，就像一种准则，正好符合它"以除愚，以易行"的判令功能。

作为礼器存在，设计要有审美性，但更重要的是维护统治者的统治。镇圭上雕琢了四座大山为饰，以具象的山川来表达抽象的"安定"。镇圭是天子所有，所有设计都寓意着天子是天意的执行者，是人间安定、百姓安乐的守护者，是家国天下安定平稳的创造者，而完成这些使命都需要政权稳固。毂圭上刻有谷纹，是天子聘女之礼，象征着五谷丰登、六畜兴旺。

在圭的大小上，也一样充满了礼的约束，"天子圭中必，四圭尺有二寸，以祀天"，"土圭尺有五寸，以致日、以土地"。圭与璧结合在一起，璧为圆，圭为长方，代表天圆地方，而圭璧用来祭祀天地、日月星辰，正是先民对天地自然的敬畏。

一个礼字，就将天人合一的美学思想极尽描摹，由此而生的玉器，在设计上有自然的造物之美，也必然有政治诉求。但在礼器之外，对玉之美的精心雕琢，怕更多是受了道学的影响，于是便有了"既雕既琢，复归于朴"，归根究底要体现的还是自然之美。

大美不言，大巧不工

《老子》中说："大直若屈，大巧若拙，大辩若讷。"

最正直的人外表反似委曲随和；真正聪明的人表面好像笨拙，不自炫耀；真正有口才的人表面上好像嘴很笨。这大巧就是自然而然，没有伪饰，所以是真实的、和谐的。也就是说，"大巧"之所以为"大巧"，其核心和本质在于遵循自然规律，保持事物本来的面貌和状态，而不是人为地破坏事物固有的属性，即"不造异端"。而"拙"恰恰是不事修饰的，它外拙而内秀，体现出了"大巧"朴实无华、浑然天成的特质，此时的"拙"，它似笨而非笨，似陋而非陋，表现形式上给人以稚拙的感觉，但实质彰显的却是一种朴素、简淡、纯真之美，是尊重自然的大美。

由此可见，"拙"并不是真的"不巧"，而是具有工巧所不

青玉大象无形摆件

及的清新自然之美，是"大巧"的外在显现。"拙"即本真自然，是一种艺术美的内在规定。

　　《庄子》的《大宗师》更加强调了自然的重要。玉雕大师以自然为师，永远做自然之子。玉雕艺术的永恒理念，就是将世界万物作为"摹品"。庄子认为"朴素而天下莫能与之争美"，顺应自然，不去施加外力而使其改变原有的自然之性，保全其"真"美，主张无雕饰的朴素美。中国古代美学，将庄子的自然朴素美作为理想之美的典范。苏轼认为"绚烂之极，归于平淡"、薛宝钗的"淡极始知花更艳"，把古拙中追求新生的思想上升为一种美学和艺术理论的重要原则。苏辙说："巧而不拙，其巧必劳。

付物自然，虽拙而巧。"《韩非子·说林上》说"巧诈不如拙诚"，说明"拙"即"诚"即"真"。同理，拙笨的物体反而更能显示出宇宙一气运化的生命力和本然的状态，它最符合道家所追求的"无为"境界，正因为"无为"才能"无不为"。"无为"是顺应自然之道，"无不为"才得以自然天成。

老子的美学观点是，真正灵巧优美的东西应是不做修饰的。这里老子以"无为而无不为"的哲学思想，分析了巧与拙的辩证关系，认为真正的巧不在于违背自然的规律去卖弄自己的聪明，而在于处处顺应自然的规律，在这种顺应中，使自己的目的自然而然地得到实现。老子提出的"大巧若拙"，虽本意不在审美，而在说明"无为而无不为"的道理，但恰恰说出了成功的艺术创作所具有的特征——任何杰出的艺术作品都是目的与规律的高度统一。

庄子继承了老子"道法自然"的观点，把自然视为审美的最高境界。他认为：美的本源在于自然本性，自然之美在于事物朴素、率真的情态。所谓朴素，就是纯正本性，不加雕饰，也就是顺乎"道"的规律；所谓率真，也就是率性自然，表达出自己的真情实感，使自己的本性与自然之"道"的本性相合。

玉雕艺术走过了漫长的历程，经历了新石器时代简洁粗犷的

墨白玉庄周梦蝶摆件

线条和质朴明快、绚丽平淡的古朴风格，到晋、唐以后世俗人物写真为母题的阶段，这种写真又表现为洗练放逸的减笔的"拙"，元明清时期的玉雕写意风格突显，在造型上讲究"大巧若拙"，在理念上追求"似与不似之间"的简朴稚拙之美。

朴、拙的玉雕风格在新石器时代的玉器制作上表现得最为真实。内蒙古赤峰市敖汉旗兴隆洼遗址中出土的一对玉玦，扁圆体，剖面近椭圆形，缺口面不平齐，留有切割痕迹，表面抛光也留有细纹痕迹。玉料虽好，但造型不甚规整，刀法古拙，简朴概之，寓巧于拙。若拙为美，在江淮地区的凌家滩文化出土玉器上表现得淋漓尽致。凌家滩文化的玉器主要有生产工具类、装饰品类、

凌家滩遗址出土玉龙

礼仪器类和日用器类，品种齐备，数量众多。其工艺特点以片雕为主，圆雕为辅，琢磨精细，工艺规整，一丝不苟。表面抛光润泽或不抛光，有的玉器还留下砣轮切割玉料时的痕迹；整体风貌是，工艺粗犷，刚劲有力，局部精细加工。其中出土的"江淮第一玉龙"，片雕，身体蜷屈，首尾相连。龙首呈二尖角，高额头，圆眼，以斜阴线纹表示脊毛，尾处穿一孔。玉龙造型简练，风格粗犷，但形状圆弧优美，形象拙中传神。

新石器时代的玉雕风格所呈现出的粗犷特征，不仅说明玉雕工艺的原始性，而且也表现出与天地抗争而生存的古人的生产生活状态所带来的审美观念。长江中下游地区的薛家岗遗址出土的

汉代玉羽觞杯

玉环、玉璜和玉璧的造型，从全貌看不甚工整，无纹，且不注重
抛光，风格较粗放，但形式活泼，表现出古薛家岗人的艺术创造性。
拙之道，乃心之澄，原始之现。

巧乃拙之道，古乃朴之境。战汉时期的玉石羽觞，庄重大方，
简淡素美。特别是羽觞之双耳，为之雀翼拟形，觞体则是雀身之
概括，朴素而纯真，外拙而内秀。《左传·成公二年》曰"奉觞
加璧以进"，玉觞与高贵的礼仪器玉璧并进，朴素中又暗合礼仪。

复归于朴的美学表达的是，强调一种独立于人机心之外的自
然本真状态，这是老子自然无为哲学的组成部分，也是执着于拙

的本体。玉雕艺术中重视"拙"的智慧，衍生出一种"以素为美"的观念，尤其早期的玉雕作品，往往素面无纹，非不能也，乃不为也。因为中国人所敬重的天地山川，往往也是纯素无纹的。而到后期美学思想日益发展之后，素面无纹的玉器比较少见了，却又有了"留皮"和"留白"的做法，这何尝不是一种"既雕既琢，复归于朴"的表现呢？

玉雕艺术中重视"拙"的智慧，又衍生出一种"枯槁为美"的观念。在玉雕艺术里，人们常常对枯藤、残荷、老木、顽石等有一种特殊的情感，文人墨客在深山古寺、枯木寒鸦、荒山瘦水中追求生命的韵味。

道与儒在一个共同的尊崇自然、敬畏天地的原则下达成一致，造就了影响千年的琢玉思想。在这种思想的牵引下，又形成了众

白玉笔洗

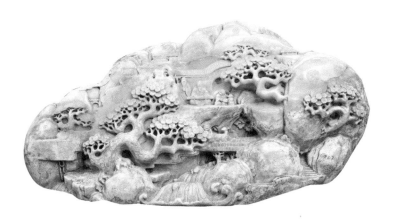

青玉高山流水山子

多具体的琢玉原则。无论时代如何变化，玉料的采集是否变得容易，匠人们都不会忘记这世间先有的天地，才有的万物，有了万物后有的男女，有了男女才有了生生不息，因此对于生在天地间的灵石，不得浪费，不得任性，要爱惜，要珍视，要长长久久地心存敬畏。

第四章

独具匠心

琢玉的原则

"

挖脏去绺的手法必须是轻柔谨慎的，匠人们惦念着一块玉料的珍稀，每一刀下去都在极力减少玉料的损伤，之后根据保留下的好料进行设计利用。

"

雕琢之美，尽善尽美

见惯了玉的温润剔透，看多了由玉出落的各种美物，它让人愉悦安宁，带给岁月难得的一份静好，哪怕只有一分一秒，也足以让人暂时忘掉顽固的烦恼。大概执着地沉迷玉色，就逐渐忘记了，玉从岩而来，曾是天地中其貌不扬的一块石头。

这块石头，原本只是碳酸盐沉积的岩石，在遥远的尚未有文明出现的时候，这种岩石不断被地壳运动挫磨，经历了断裂、变质的演化。在这个漫长的过程中，部分断裂带被中酸性侵入岩入侵，古朴的岩石不得不跟入侵者融为一体，形成透辉石化、镁橄榄石化和透闪石化蚀变，再经过上千度高温的作用和一定的扭压应力，最终变成了玉石。

整个过程，大概需要几千万年甚至更久，久到人类无法估算出一个具体的时间。一块玉石，在这么久的时间里，守望沧海桑田，被动地经历破坏与重组，饱受风霜雨雪的浸礼，被自然的鬼斧神工成就了最美的内涵，却只能等待慧眼来识别，这种孤独，漫长而艰巨。

人的孤独生出勇气与信念，玉的孤独催生出无可比拟的价值。不是所有岩石都会演变成玉石，不是所有玉石都会被发现，它的价值是天地灵气的滋养，是宇宙运行的精妙，实在难以计算。于是得到一块玉石，简直是天时地利人和的相遇，不得不好好琢磨，不得不精心呵护，舍不得浪费，更舍不得辜负了美好。

白玉双驼摆件

翡翠雪中送炭摆件

千万次，人类从历史中脱出的呐喊，育人要因材施教，处人要因人而异，用人要才尽其用，却难以全然践行，但在玉石上都得到了恰如其分的安置——一块玉料，必须量料取材、因材施艺。

若是上好的玉料，像是拥有羊脂般油润与光泽的和田玉籽料，即便分毫不动，加个底座就是上等的艺术品，天生天养的质朴，自然雕琢的曲线，不施一点人力的本色之美。可是对创意有着无尽追求的人类，不仅仅满足于原料的欣赏，更希望赋予一些奇思妙想，创造出更合心意的美物。更何况上等玉料难求，更多的是普通的玉料，还有质色较差的玉料，对雕琢的要求就格外苛刻。

霍达在《穆斯林的葬礼》中写到，第一次对玉产生痴迷的韩子奇，就是被琢玉匠人梁亦清的技艺吸引了魂魄，一整块的玛瑙，上面有红色、白色、绿色，梁亦清把红色雕成了荔枝珠儿，绿色雕成了枝叶，白色雕成了剥开的果肉；一块南阳独山玉做成的方瓶，两边是像玉镯环环相扣的玉链，"这是整个雕出来的，雕出一个套一个，雕出一个再套一个……"

又如独山玉，多是杂色，纯色少有。杂色伴有白色、绿色、紫色、粉色，简单粗暴地动砣，去掉杂色，玉料便毁了大半。精于巧思的琢玉匠人便要把杂色变成点睛之笔，绿色可以为衣，包裹在白色丰满的仕女身上；粉色做芙蓉，与白色芙蓉相间，反而是最为

独山玉俏色灵山法会山子

出众的一朵；就连最令人头疼的墨色，也可以雕琢成武士的外衣，映衬那飒沓流星的绰绰风姿……

所有玉料尽皆如此，色杂也好，瑕疵也罢，总是难能可贵，便要谨慎小心，久而久之，琢玉就有了一些具有灵性和经验的准则。除了量料取材、因材施艺之外，还有更加细致的要求，比如小料做大、宁小勿大、挖脏去绺、破形使材、因工选材等等。

面对天地孕育的精灵，人也不自觉培养着自身的感悟力，怀揣着对大自然充沛的敬意与爱，摇身变成与玉石对话的精怪，双眼双手都为了尽善尽美而存在。

对立统一，矛盾和谐

玉料的珍贵，在于时间赋予的漫长，在于风雨给予的挫折，更在于成长于人类智慧中，它耳濡目染的人间道——是圣人先贤的玉德论，是古朴的哲学与审美，而在雕琢中，也藏着人类博大的思想。

都说玉料要"小料做大""宁小勿大"，这听上去对立矛盾，却统一和谐地体现在玉料的设计与雕琢中。

对于大多数人来说，从自然界获取一块大型的玉料是毕生心愿，这样切磋琢磨都有足够的空间，尽管可能需要几年来完成一件大型玉雕，也足以成为一生的荣光。可现实往往事与愿违，得到的偏偏是些小玉料。然而即便小巧，也一样是天地孕育的精灵，要好好珍惜，但如何让小玉料显大，就费了雕玉匠人们千百年的心思。

玉
道
㊂
玉
之
美

翡翠蚕食桑叶摆件

显大是一种感官上的错觉，同样的玉料，竖看就比横看感觉大，雕刻丰富就比简单几刀显得大，于是古人总结了几条经验，最常用的是宁立勿卧、集活法、组合法等。

　　宁立勿卧，站起来的总是比横卧的高大许多，做人如此，雕玉也是如此。就像用一块有限的玉料雕刻人物，站立的人物顶天立地，上肢敞开，以大轮廓线入料；料宽雕成旁坐像；料厚雕成正坐像；料有凸凹雕成弯腰或扭腰的姿态。头上料若富余，雕成头饰；旁边料富余则雕成手中持物或者风带；下部料多，雕成人物所处的风景、花卉山石、鸟兽祥云……竭尽所能保留更多的玉料，并在此基础上做大，这就是小料做大。

　　集活是在小料上尽可能多地展现技艺，以活挤活，活上攘活，让玉雕看上去丰富饱满，虽然个头不大，却有精湛的技艺和充沛的情感，在艺术上掀起了澎湃之感，形成了用心之大、价值之大，惜料中展现出无可比拟的独到匠心。

　　组合法多用在香薰、炉、塔等玉器上，在一块玉料上加以多种造型组合，让玉雕更加丰满。像清代的镂雕龙凤纹三足香炉，碧玉质地，盖钮是镂空雕龙钮，盖身有八面，每一面都是镂雕的龙凤纹。炉身周围是向外延伸的玉板，两侧高浮雕双龙耳，板沿有数个活环装饰。炉腹雕刻花卉如意纹，浮雕三只兽足。复杂的

碧玉双耳活环薰炉

多种组合，完整的造型，让玉料有了张力，让人忽视了它本身体积上的小。

小料做大，可大料如果有损伤或脏绺，为了保证玉雕的无瑕也只能狠心割舍，将大变小。所谓取舍，只是为了成就更好的结果，这就是玉雕中宁小勿大。这便也涉及挖脏去绺和破形使材，是另一项玉雕的准则。

小与大，破与立，人间几千年的智慧，以万物灵长的姿态，骄傲又虔诚、含蓄又坚决地倾注在一块玉石上，借以天地的苍苍之力，以至美形态悄无声息地流传下去，顽石无口，却也能讲出人间之道。

不破不立，破而后立

太珍贵，往往舍不得。

这种珍贵不仅有孕育之难，更有无数人以性命相投的开采之难。古人常说"取玉最难，越三江五溱至昆仑山，千人往，百人返，百人往，十人返"。

来往山间开采山料，大山自古养成的荒芜带着肉眼难以察觉的极大的危险——陡峭崎岖，空气稀薄，常年寒冷的气候，让采玉的人一失足便会粉身碎骨，即便一块小小的石头从高处坠落也会造成性命之忧，六月会突降大雪的气候更是容易染上疾病。

山路难行，那隐隐浮现的羊肠小路也是采玉人祖祖辈辈踩出来的，人尚且艰难攀爬，更别提大型机械。因此采玉，多半是靠

碧玉刻兰亭序书画缸

人力。人力开采，人力运往山下。

　　在河涧开采籽料或许好一些，起码大型机械是主力，但仍然需要大批采玉工人从挖出来的大量石料里去检查是否有玉料，这是完全凭借肉眼和经验的工作。工人们蹲在那里一蹲就是一天，重复着拿起石头再丢掉石头的程序，往往几天或十几天都是一无所获。因此当获得一块大料时，工人们一定视若珍宝。

　　带着血汗，又让玉料多了一重珍贵。因此琢玉匠人们世世代代都被告知要"惜料"，要量料取材、因材施艺，最好根据玉料原本的形状、质地去构思设计，"取势造型""随形变化"，尽

青玉拂尘罗汉

面部有意侧向以避开脏色

082

083

量减少玉料的损失。

可完美无瑕的玉料十分难得，大多留着些遗憾，在浑然天成的纯色中夹着杂质，或许是米粒大小的斑点，或许是影响美感的裂纹。为了保证玉雕的纯洁，匠人们只能把玉料上的瑕疵挖掉，这个过程叫"挖脏去绺"。

挖脏去绺的手法必须是轻柔谨慎的。匠人们惦念着一块玉料的珍稀，每一刀下去都在极力减少玉料的损伤，之后根据保留下的好料进行设计利用。但并不是所有脏绺都需要挖除，有些轻微的裂纹可以通过弯脏遮绺的方式进行遮蔽。弯是躲藏、利用，遮

玉道 ㉛ 玉之美

是遮蔽。浮于玉石的浅浅纹路，加以设计上的机巧掩盖或把它藏起来，就像雕琢一只暖白的玉花瓶，将轻浅的纹路藏在花梗、花叶的下面，如果有人物则藏在衣物的纹路中，看上去并不缺少浑然天成的美感。

虽然带有一定的破坏性，却更像是一把精致的整容刀，整出了世上最美的作品。世间的每一种挫折，每一个教训，对于人来说都是挖脏去绺的过程。玉的瑕疵要破坏或设计才能变成美物，人性的弱点也要无数次的挫磨来掩藏或磨灭。从来都是如此，想得到一件更好的作品，必须经历破碎又整合的过程。

对玉来说，更大的破坏和浪费是因需取材——设计方案先于玉料而生。脑海中想好了要雕琢的雏形，要雕一只宝瓶，还是一座山水，有了构思再去寻找合适的玉料，或者把现有的玉料毫不客气地进行大量切割。原本可能足够雕琢一座山水的大玉料，被切割成只够雕一只宝瓶的大小，设计完全不受限制，相对自由。但对于爱玉的人来说，这种令人心痛的破坏并不值得歌颂赞扬。他们还是愿意时刻牢记玉料的难得，根据玉料的质地形状，先行读玉，看它更适合雕琢成什么，尽可能避免浪费。

破立之间，张弛有度，同时对自然之物难能可贵的念念不忘，才是打造美的哲学。

玉道㉒玉之美

白玉镶宝瓶

匠人天成，难留其名

细细分来，切磋雕琢有更多的技法可分，但终不过是以惜料为前提，研究出可以保护更多玉料又能使玉雕达到审美高度的方法。无论哪一种，核心部分都是人——一生勤勉巧思都献给玉雕的匠人。

玉雕匠人，从明朝陆子冈才有了名声，在此之前都不过默默无闻，即便技艺精湛、出神入化，也不过是躲在艺术后面的人，不受追捧。

追溯到史前文明，浸润于巫玉时代的红山、良渚、齐家、龙山、巴蜀，玉器多是合多人之力完成，不可能一一留下姓名。从周朝以来，有了专门管理制玉的部门叫玉府，直接对帝王负责。普天下的琢玉匠人们都是奴隶，他们再身怀绝技，也只能在玉府中默默无闻地贡献，不能在象征高贵的玉器上留下"卑贱"的名字。

　　春秋战国一样如此，中国的格局不断改变，不变的是玉雕即便在此时迎来了第一个巅峰，也没能留下一个匠人姓名；百家争鸣，不同思想呼啸而来，也没能给一个创造玉器艺术高潮的匠人一个位置。唯独留下卞和与他的和氏璧，如果不是和氏璧牵连了太多的政治事件，恐怕也难以留下蛛丝马迹。

　　时间长河奔腾向前，历史的车轮无情碾过所有的璀璨和不堪，中国在秦朝终于得到了统一，也是第一次，终于有琢玉匠人的名字出现在文献中。

青玉高足杯

"秦兼七国称皇帝，李斯取蓝田之玉，玉工孙寿刻之，方四寸，斯为大篆书，文之形制为鱼龙凤鸟之状，稀世之至宝也。""始皇元年，骞霄国献刻玉善画工，名烈裔……刻玉为百兽之型，毛发宛如真矣。"一位孙寿，一位烈裔，一位雕刻了传国玉玺，一位雕出了栩栩如生的两只白玉虎。

玉雕何止千万件，能留名的匠人不过尔尔。汉代兴盛厚葬，陪葬的玉器数量庞大，可只有一位匠人被后人记住，他是广陵国吴郡（今苏州）人，叫做颜规。而历史待他刻薄，提到的不过几句话，大致知道他常常到广陵王府去制玉，是如今苏州玉雕的祖师爷。

之后的匠人命运大同小异，拥有灵性的双手被历史牢牢缚住，或许有些偶然的事件才能进入史册，就像隋朝的玉工万群，不过是因为隋炀帝看中了他的妻子吴绛仙，他才得到史官的关注；宋朝赵荣、林泉、崔宁、陈振民、董进等匠人的名字，也是因为文人墨客提了一笔，相关事迹却无太多记载。

岁月流向明清，治玉逐渐走向产业化，卑微的姿态终于有了觉醒，匠人学会了抗争，开始在各种暗藏之处巧妙地留下自己的名字，陆子冈才得以名垂千古。

青玉"子刚"款环把樽

传说陆子冈出身官宦之家，却不屑于仕途，不喜欢舞文弄墨，只钟情于琢磨玉雕，年纪轻轻跟随玉坊苦学技艺。也是天赋异禀，他比同龄人更能领悟琢玉中的玄妙。短短几年而已，他就以阴线刻划、起凸阳纹、镂空透雕而名声大噪，更是能将平面刻出浮雕的效果，文人墨客争相追捧。一个匠人无法留名的时代，他的玉雕却跟唐伯虎的仕女图相提并论，苏州人更是将他的玉称为"子冈玉"。

天下是帝王的天下，所有能工巧匠也自然是帝王的仆人。陆子冈毫无意外地被皇帝召见，从此做了许多御用的玉雕。同时，内心躁动的情怀不断提醒他要打破匠人的格局，留下落款为后人所见。于是在玉壶的壶嘴里、壶盖下、玉器的器底，只要是能掩人耳目的地方，他都留下了"子冈"二字。

1593 年，万历皇帝登基的第二十一个年头，陆子冈的好友徐渭去世。这位多才多艺，又为幕府贡献毕生的政治家最终在政治倾轧中潦倒死去，死时精神崩溃，家徒四壁，没有一点体面，只有一只柴犬相伴。陆子冈愤恨不平，在一次为万历皇帝雕刻玉龙的时候，借机泄愤，将自己的名字雕刻在龙口之内，却遭到揭发，死在了成就他辉煌的朝堂的屠刀之下。

　　清风又一次吹绿了江南，却再也没有陆子冈的作品问世。但他以觉醒的姿态留给后人无数的惊喜，也成为后世玉人的榜样。

　　陆子冈的死为清朝的匠人争取了极大的福利，载入清史的名家就有几十个，当然这也要多谢对玉着魔般迷恋的乾隆皇帝。他的热爱才让玉人的身份有了实质性的提高，于是今天才知道了雕

青玉陆子刚款明月松泉图方盒

现代玉雕大师宋世义款《观沧海》

刻《大禹治水玉山》的是苏州雕玉名家朱永泰，能为乾隆皇帝识别真伪古玉的姚宗仁，善于在玉石上刻字的朱时云，完美继承陆子冈风格的芝亭，名震中外的《翡翠西瓜》雕刻者谢士枋……

雕玉技艺，终究以人为本。能将尽善尽美、对立统一、不破不立的琢玉智慧赋予玉石的，也只有人而已。身为宇宙中最聪慧的生物，人类一直在扮演着领导者的角色。但在玉石面前，更多是引导者，负责引导发掘玉石的各色美态，也负责引导众生走向如琢玉般逐渐美好的人性。

第
五
章

巧夺天工

玉器的工艺

"

　　而这一双手能缔造更多美好之物，他们在心爱的玉器上推敲出一种结合，把玉器互嵌在其他材质中，形成一种丰富的感官，就像郎才女貌的天作之合，孕育出新的生命。

"

以型塑玉，以形动人

　　抖落仆仆风尘，玉石的美逐渐与石头有了区别。最重要的，还是先民们开始唤醒了对美的认知，从而生出了挑剔——他们要把难能可贵的美好摆在更特别的位置，以一种人为主观的美好赋予其生机。于是他们开始打磨，先是以塑造器型为主，有了造型上的技术与审美。之后又觉得单调，加了一些纹饰在上面，玉石就此有了一张更精细的面孔。

　　文明不断被推向前方，审美随之有了翻天覆地的变化，简单的修饰已经无法胜任时下对美的要求，先民们不眠不休研究着更深刻、更复杂的技艺，雕刻随之形成。圆雕、浮雕，让玉石像极了盛唐的美人，丰满而立体，带来无数次的怦然心动。玉石被越来越多的开采。它们往往天生带着斑斓的色彩，不是纯粹的一色。在惜料心情的驱使下，先民们舍不得把杂色大范围切割掉，于是开始将不同的色彩加以利用，出现了俏色这样的色彩处理。

就这样带着对玉之美的狂热痴恋，一代又一代的匠人在雕玉技术上苦心钻营，历经漫长的岁月砥砺，终于形成了传统玉雕知名的十数种技术——造型上的锥钻、镶嵌、掏膛、金镶玉（镶嵌的一种）、锼花（即镂雕，圆雕的延伸）、链雕（镂雕的延伸）、薄胎；线条上的阴刻线和阳刻线、勾撒法（双勾拟阳法）、一面坡、游丝毛雕（游丝描）、汉八刀；色彩上的俏色、金彩玉、老提油（作色）、描金（填金）和贴金。

在诸多技术之中，玉雕的造型技术是玉石不施粉黛的素颜，其他都是精致的妆容。这张素颜定好了玉石的长相，是匠人赠予

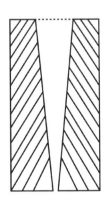 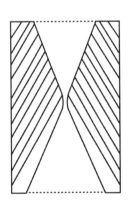

单面锥钻法　　　　双面锥钻法

锥钻示意图

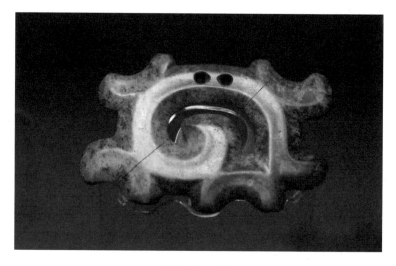

锥钻孔勾云形佩

玉石的第一道生命。

这个生命的个体性就从匠人拿起锥形的石质或青铜钻具开始形成，他们在较薄的片形玉器上钻孔，后人称其为锥钻，由此拉开了玉和其他石头的距离，将其高高捧在一个神坛上睥睨众生。细小的孔眼在0.1~0.3厘米之间，单面或双面锥钻，出现在红山文化的玉鸟、良渚文化的兽面纹玉冠饰，都有这种技艺。

为了更加省力，锥钻的技艺得到了推进，匠人先用片状的锋利的工具在玉石上推磨出一道沟槽，在沟槽中央的最深处钻孔，这是先磨后钻，也有先琢后钻，用尖利的尖状工具在玉石上啄击出凹窝，在最深处施以锥钻。如今看起来不算什么，在文明起始却是人类智慧的一步，是先民开始驾驭工具，意识到这一双粗糙的手可以改变世界的印证。

而这一双手能缔造更多美好之物，他们在心爱的玉器上推敲出一种结合，把玉器互嵌在其他材质中，形成一种丰富的感官，就像郎才女貌的天作之合，孕育出新的生命。

从仰韶文化出土的白云石人面饰，双眼以骨质眼珠嵌入；龙山文化出土的玉笄饰，上面兽面纹的双眼以绿松石珠镶嵌，就像祖先睁开了蒙昧的双眼，好奇又惊恐、强势又温柔地审视着这个世界。不管是嵌入与器物颜色相近的材质，还是颜色完全不同的材质，都是为了将这种审视变得突出而美好。

玉河漫长汩汩而流，只是镶嵌一些宝石并不足以代表人类审美寓意中的圆满，于是金镶玉出现了。金，代表着高贵；玉，象征着纯洁。李白说"金樽清酒斗十千，玉盘珍馐值万钱"，金玉良缘是最尊贵与优雅的结合。

但这结合，倒不是刻意为之，而是充满了偶然。传说和氏璧被秦始皇雕琢成玉玺，晶莹剔透，闪烁着令人痴醉的光芒，汉灭秦后，玉玺为汉所有并代代相传。西汉末年，王莽篡权，威逼孝

金镶玉杯

元皇太后交出传国玉玺。太后不肯并一怒之下将玉玺摔在地上，磕掉了一角。王莽见玉玺受损，命人修补。匠人左右思量，不知如何下手，最后用黄金补上了缺角。玉雅金贵，结合在一起反而有一种特殊的光彩，金镶玉就此诞生。

传说不知真假，仿佛也是为了给金镶玉的技术披上文化的外衣。其实金镶玉工艺早在汉朝之前就已经出现，并逐渐从宫廷走到了民间。为了表现地位的尊崇和门楣的光耀，许多达官贵人打造了金镶玉筷子，吃一顿饭都充满了仪式感。

隋唐时期，统治者的少数民族血统让他们更喜欢奢侈华美的器物，于是高洁的玉频繁和金银融合，创造了许多金镶玉杯、金镶玉钗、金镶玉镯、金镶玉佩、金镶玉带板等等。

清朝时期，推崇繁复盛大审美的乾隆皇帝对金镶玉更是爱不

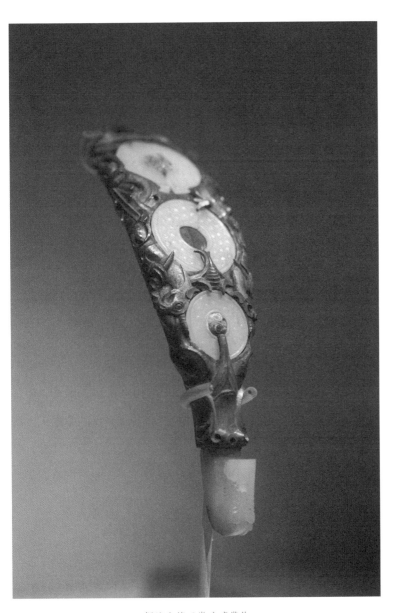

玉道㊋玉之美

铜鎏金镶玉嵌琉璃带钩

释手。传说他最宠爱的香妃，从遥远的边疆带来一批带有伊斯兰风格的"痕都斯坦"玉器。其中有几件金镶玉，玉体薄如蝉翼，上面镶嵌着金丝银丝和各种宝石、玻璃，光线从对面穿透而来，混着金银珠宝的绚烂，格外迷人。乾隆爱不忍释，更是不愿意将这种精致的技艺传到民间，他想让皇族独享，这才能体现天家的尊贵和威严。从此之后，金镶玉在民间绝迹，只能在宫廷出现。之后皇族没落，曾经在宫廷制玉的匠人们不知所踪，金镶玉的技艺也一并杳无音信。直到二十世纪四十年代，玉器界出了一个怪才潘秉衡，他恢复了金镶玉的制法，只是他不愿将技法外传，金镶玉便于二十世纪七八十年代又一次销声匿迹。

总有匠人不肯罢手，他们夜以继日琢磨这种古老的技法，尝试了数百次上千次，终于在 21 世纪让金镶玉重新回归大众视野。不管是 2003 年那串价值 1600 万的 108 颗镂空金镶玉佛珠，还是 2008 年奥运会的金牌，都在恢复了乾隆年间最鼎盛的金镶玉技法的基础上，又达到了更好的工艺水平。曾经疯狂的帝王梦想，在轰然倒塌的几百年后，被更先进的文明重塑，实现了历史更优的一次轮回。

而那些专属于乾隆的痕都斯坦玉器，又涉及玉器造型技艺上的另外两种技法——掏膛和薄胎。掏膛，无比形象地展现出把腹膛之中的玉石取出，造出空膛的器形，比如瓶、碗、樽等等。匠

碧玉薄胎大海碗

人用钢卷筒不断碾磨，直到剩下一根玉柱在腹内，取一把小锤轻柔地震荡，把玉柱截断取出。掏膛之后打磨内壁，留下玉器所需要的厚度。

在痕都斯坦玉器没有出现在乾隆的弄玉世界之前，中国掏膛后的玉器出落的也是婷婷婀娜。可多是壁厚坚实，像一个风韵饱满的女子，虽然可爱温婉，却少了几分新鲜感。痕都斯坦玉器出现之后，乾隆审美上的疲倦得到了解放，异域风情的轻薄空腔就像香妃公主一样带来了无与伦比的刺激，让乾隆精神为之一振。

这种轻薄的技艺就是薄胎。薄胎是痕都斯坦玉器的主要特征，不管是碗、杯、洗，还是盘、壶等，都以"水磨"抛光，薄透似纸，手指轻轻贴着器壁，从另一边可以看到指纹。乾隆称赞它"薄如纸更轻于铢""抚外影瞻内"，此后断断续续写了数十篇御诗来称赞。

相比起中国玉器在礼器上的升华，痕都斯坦玉器更具有实用性。除了器形上多是杯盘碗等饮食器皿，造型上也大部分是自然界的花果，有的干脆将整个器形雕成了一朵盛开的花或剖开的瓜。雕刻的图案也尽皆花卉果蔬，活色生香，只是看着就能想到它盛满美食的模样，似是已经有了清甜甘洌的果香入口，在唇齿间荡出美味。

雕刻的手法又超乎寻常的细腻，虽然是浮雕却是隐隐浮起，没有雕琢的痕迹。"看去有花叶，抚来无痕迹""细如发毛理，浑无斧凿痕"。那些耳足上的花果枝叶对称均匀的慵懒攀附着，不管吹来的秋风萧瑟还是凛冽寒风，它们都依旧盛放，千年万年不变模样，长盛不衰地看着时光流转，任凭身边的人从清装换成了时装，从内敛变得开放。

到了清廷的痕都斯坦玉，乾隆命人在上面以隶书、楷书刻上了铭文，多半是诗歌和年款。又让宫廷制玉的匠人研究仿制，创造了不少高水平的仿制品，几乎可以以假乱真。

但细细看来，琢磨技巧还是有所差别。毕竟匠人带有几千年中国文化的底蕴，仿制的作品生来有一种中国味道，就像蝶纹洗，

白玉镂雕鹅穿莲绦环

玉质、器形、雕花、耳都是痕都斯坦玉的特征，但在盛开的花瓣中雕刻了蝴蝶，唯美柔和的意境翩然而出，十足的中国手法。

无论如何，远道而来的痕都斯坦玉都为中国玉之美注入了全新的能量，它自有外来民族和信仰成就的异域风情，是中国玉器所不能比的。

不过在雕刻手法上，中国玉器有更为繁复的操作方式。匠人把玉石中缺乏物象表现的部分掏去，留下能表现物象的部分，叫作镂雕。它常常和圆雕等其他技法组合使用，"先圆雕、后镂雕"，先把器物外部雕刻出雏形，之后再雕镂内部。内部物

黄玉镂雕水草纹宝瓶

象完工之后再进行外部的修光，辽金元时期的春水秋山玉就经常使用这种技法。

逐渐地，镂雕延伸出其他的雕琢技艺，如机巧灵动的活环雕以及让人拍案叫绝的链雕。链雕将一整块玉石镂空雕刻一条可以活动的玉环，环环相扣，活动自如。这种活环活链是一种近乎神话的技巧，一块小玉料雕琢成瓶，两边配以环环相扣的玉链，拉长和丰富了瓶身，既不单薄，又在画面上显出大的视觉效果。玉链浑圆完整，没有缝隙，相互套合仿佛是鬼斧神工的奇迹。谁又能想到，精于琢磨的先祖早在商代就已经以掏雕的手法造出了玉链，战国时期得到了充分的发展，才有了曾侯乙墓中的十六节龙凤形玉佩。

关于玉链、玉环，早早就登上了古代的典籍。《战国策》记载，秦国挑衅齐国，派使臣送去一串玉连环。秦使说齐国人都很聪明，不知道能不能帮秦王解开这个玉连环。齐襄王仔细端详，玉连环都是整玉雕琢而成，没有一点机关、缝隙，不可能解开。又让大臣们传阅，无人有法。这时齐襄王的王后拿到玉连环，命人取来一把铁锤，将玉连环砸碎。

秦国使臣大怒，斥责齐国藐视秦国。王后说，秦国大王让齐国帮忙解开玉连环，如今解开了，秦王宽厚，不会跟帮过忙的人

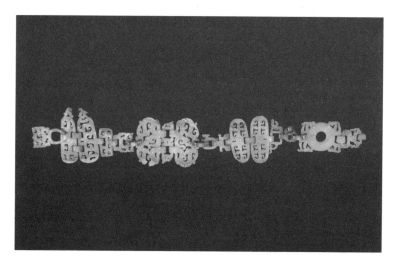

曾侯乙墓出土十六节龙凤纹佩

为难。齐国有外交智慧，也有捍卫尊严的决心。从此玉连环不仅仅是个巧思的玩具或工艺品，还是一种智慧的象征。智慧之大，恐怕也赋予了小料玉雕的另一种伟岸。

也是心有千千结，古人把玉环当作了定情信物。都说夫妻恩爱不到头，可真正的爱情的确可以划破时空的结界而成为永恒。为了表达这种祈愿，情人用玉雕做连环，赠给挚爱，代表心意相连，生命可碎，爱不可离。唐人韦应物写道："荆山之白玉兮，良工雕琢双环连，月蚀中央镜心穿。故人赠妾初相结，恩在环中寻不绝。"宋人赵彦端写："美人书幅幅，中有连环玉。不是只催归，要情无断时。"都是痴情人的相赠，希望爱人不管身处何处，有

白玉观音图活环活链瓶

什么样的遭遇，都不要断了爱情的信仰。

这种悠远深邃的执念随着骨血代代相传。传闻清朝雍正还是雍亲王的时候命人打造了一架十二扇的屏风，每扇屏风上都绘有一位美人，其中一位美人头簪菊花，手持一对玉连环，望着门外的喜鹊兀自出神，在思念心头所爱。

玉环、玉链情意绵绵，只是简单的形态，却似是婀娜的情丝，纠缠环绕、生生不息、永无止境地让饮食男女为爱痴狂和忧愁。因爱的注入，小小的玉料也有磅礴的能量。

造型之美，以型入形，是匠人们在玉石上动的第一个念头。它该是什么模样，做什么用途，如何将一腔深情和意境倾力投入，让任何一个旁观者来欣赏时都能感受到这份用心，让玉石真正成为一种心绪的表达，都集中在一型一形之中。

以线塑玉，以纹表情

造型上的倾心尽力，完成了玉石与这世界相逢的第一道美的蜕变。但很多时候，造型并不足以展现匠人心中所想，总是要细细在上面雕刻出纹饰，就像一只玉蝉，只有形，没有线条勾勒翅膀、眼睛，就失去了意象之美，于是线条组成的纹路，是一种更具象的情愫。

中国玉雕呈现纹饰的手法，有单阴线、双勾阴线、阳线、一面坡（斜刀法）、游丝毛雕（游丝描雕、毛刀）、汉八刀等。阴刻线和阳刻线是最基本的线纹雕刻手法。单阴线视觉上是下凹的线条，是用勾砣勾画出宽窄深浅匀整的阴线。而阳线是用"减地起线"的工艺方法雕就，都看起来简单，却是所有纹饰的基础。

双勾阴线，是商代后期玉器上普遍出现的线形，它是由两条匀细平行的阴线组成。由于两线之间的距离很小，在视觉上，给人以两条阴线中间"起"阳线的错觉。也有人把这种线刻工艺称为"双阴挤阳"。

西周时期，单阴线有一种是较细的阴线，另外一种是较宽的阴线，线形的纵剖面为"一面坡"形。而双阴线有一式为同宽双阴线（即双勾阴线），多见于早期玉器。但是晚期玉器上的双阴线，则发生了突出的变化，线条仍保持早期较繁复的结构，线形却变化为由宽窄两条阴线组成，宽线用"彻"法刻成，窄线由"勾"法刻成。线条圆曲流畅，飘逸洒脱，让纹饰看上去更有层次和立体感，被今人称为"勾彻法"或"勾撤法"。这种颇具特色的双阴线，大概起源于穆王时期，汉代后就不常见了。

到了战国后期和汉代，人们不满足于线条上的粗犷，便以极细的线条入玉，从此有了细如秋毫的细阴刻线，游丝一般，便有了"游丝毛雕"的叫法。明人高濂写道："汉人琢磨，妙在双钩，碾法宛转流动，细入秋毫，更无疏密不匀，交接断续，俨若游丝白描，毫无滞迹。"虽然纤细，却彰显着遒劲之力，刚柔在这里

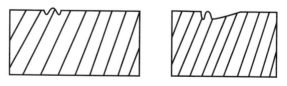

同宽双阴和一面坡示意图

同宽双阴法线刻玉犬

一面坡法线刻玉璜

游丝毛线刻鹰形佩

没有冲突，反而相辅相成。

　　虽然名称不同，但都是极其简单的线条。这种简单是万物万事构成的基础，是所有复杂轮廓和图案的根本。古朴的哲学说至繁的道理其实一句话就能说明白，再繁复的表象也只有一个简单的内核，一切复杂的组合拆分到底都是简单的个体。古老的先民将这种简单都融入到玉的雕刻中，变成了深深浅浅的简洁线条。

　　到了汉代，这种简单发挥到了极致，不仅只有线条，而且将这些线条组成想要的图案，也只需要八刀而已，是为"汉八刀"。

汉八刀工艺玉蝉

汉八刀似乎是针对葬玉里的小动物们如玉唅蝉、玉握猪而生。尤其玉唅蝉，刀法粗炼，寥寥几刀就将蝉的形象雕刻而出。当然不是严格的只有八刀而已，只是说明刀数少、线条少，以非常简单的雕刻创造出了形象的器物。匠人雕刻用的也不见得是刀，要在坚硬的玉上刻出纹路，还是用水砣砣成。干练利落，汉八刀成为一种简约雕刻方法的代称。

玉蝉头部的眼睛，背部的翅膀，几刀就已有了生命。玉蝉，汉人将它含在死者口中，期待着灵魂的重生。蝉从地下而生，"取其清高，饮露不食""蜕于浊秽，以浮游尘埃之外，不获世之污垢"。

生者饱含深情地希望，死去的人只饮露水，从那污秽中脱胎换骨，远离浊垢，清高的灵魂在轮回中复活，又是一个品格贵重的生命，与生者在茫茫尘世中再次相逢，续着未完的情分。

当然玉蝉并不是亡人独有，后世常有文人墨客以玉蝉为饰，彰显品格。戏剧中有一出《双玉蝉》，一位父亲以双玉蝉为聘，将年少的女儿芳儿嫁给了尚在襁褓中的沈梦霞。父亲去世后，芳儿被夫家所迫，以姐姐的身份抚养梦霞长大。十八年后，梦霞考中了状元，芳儿的两鬓却生了白发。她这十几年孤苦，全心全意抚养梦霞，期待着他有一天兑现婚约，可如今已是半老徐娘，青春不再，不由悲凉。

对于沈梦霞来说，从来没有人告诉他，那位养育他的姐姐本是他的爱人。于是他以独立自由的身份长大，并且在青春时邂逅了自己的意中人，并且订婚。他感恩芳儿，上书皇帝，将芳儿十几年含辛茹苦抚育，不惜错过了青春年华和嫁人的最好时光之事陈情，以求嘉奖。皇帝感动，御赐奖赏。芳儿得知后悲愤交加，取出了那对玉蝉，将前因后果细细说明，之后忧愤而死。

玉器从来不是一件死物，它是具象的、可以触摸、可以欣赏的情怀。那深深浅浅的线条，是情怀用来表达的语言，轻轻吐出的一字一句都是人类对至美精神最高的褒奖。

以色塑玉，以巧示人

　　玉之色，温和时是浑然天成的纯色，调皮时多了绚丽，一块玉上可以同时拥有两种或多种颜色。玉色越纯越珍贵，匠人动起砣来十分顺遂。可多些色彩未尝不是美事，正好可以把一些巧妙的心思融入其中。像俏色可以把一块玉上的墨色雕琢成龟背，商代的妇好墓中就出土了一只俏色玉龟，匠人将玉纯白的部分雕成了龟的头尾、四肢，将深色的部分做成了龟壳。

　　俏色之俏，就在于化腐朽为神奇，将瑕变成了唯美。但俏色有自己的分寸，不是所有杂色都要费尽心思保留，有些颜色恰好可以与主色相映成趣，有些斑斑驳驳拖累了整块玉料的气质，不如索性去掉不用。同时又要遵循章法，构图时根据需要，不能贪图色面大而把颜色挤满了玉料，密密麻麻，混混沌沌。俏色最终是要呈现美，而不是机械地保留。

糖青玉俏雕荷蛙水盂

　　留用的杂色，要显而易见——把它们用在成器的正面、两侧这些显眼的部位，让人一眼可以看到，否则失去了"俏"的初衷和效果。俏色也要顺色随形，可以雕刻莲花的就不必非要做成梅花。

　　倘若色多又贴得近，就像一块玉石上同时有相靠的黑灰褐绿，那么在剥料的过程里就要先把几种颜色的界限分别清楚，在雕琢过程中，可以用厚薄衬托浓淡，用层次来刻画远近，以免造成混乱的观感。

　　天生天养的多色，俏色可以成就一件彩色的艺术品。到了崇尚繁复炫目的清朝乾隆皇帝那里，即便是纯色的玉料，也要人为地加上绚烂，于是有了金彩玉。

玉从出生以来，多半是匠人迁就着玉料本身来雕琢，偏偏入了清廷，皇帝要按照自己的喜好来成就一件玉雕。他喜欢浓墨重彩，便想方设法借鉴了景泰蓝的工艺，以彩绘珐琅入玉，以金和玉融合，于是金彩玉也叫描金珐琅彩绘。这种大胆的想法，可以说独一无二，因为中国人向来喜好"美玉不彩"，就像贵重的人格需要纯洁与低调，玉就是玉，它的本质就是干干净净的温润，但乾隆却要在玉上打造多种色彩。

单是描金贴金，古人那里或许有些借鉴。战国时的贵族用描金的技艺来打造漆器的尊贵，明朝时也常常以金箔为佛像打造金身。但真正把金和玉的结合做到极致的，大抵就是乾隆了。更何况，他还在金色中加了更多的彩色。

金彩玉是美的，这种美既是直观看上去的姹紫嫣红，那玉质的敦厚朴素就像被着了粉墨的美人，风情万种、摇曳多姿，只是端端坐在那里，不动声色也足以勾魂摄魄；这种美也是技艺上的不可思议，珐琅彩的烧成温度需要900~1300摄氏度，而这个温度足以让玉器出现裂纹甚至粉身碎骨，但缺乏现代科技辅佐的清廷匠人做到了。

清廷其实做了很多不可思议的事情。宋朝兴起的古玉收藏热换来了玉雕行业的仿古之风——把新的玉器浸润在一种叫作虹光

玉
道
㊂
玉
之
美

青玉贴金彩绘四方瓶

草的汁液里，再加入少许硇砂，让新玉有了鸡血红色，再以新鲜的竹枝点燃烘烤成琥珀色，好像在地下藏了百年千年的古玉，这种做旧手法叫老提油。

到了清代，老提油发展得异常蓬勃，尤其乾隆年间。有一次，乾隆皇帝看到一件"玉双人耳礼乐杯"，颜色奇怪，不像是天养的古玉，便跑去问造办处的玉工姚宗仁。姚宗仁告诉乾隆，这是人工染色，选用有瑕疵的玉料，用热润之法染色。如果是没有瑕疵的玉料，也要在玉器表面钻出蜂窝状的孔洞，用琥珀汁涂抹，再用火烧，夜以继日地不停烧，大概一年多才能染成。

不知乾隆何时开始醉心于古玉的仿制，但这件事大抵对乾隆于古玉色的执着推波助澜。他在位期间，进行了大批量的仿制古玉，器形上有仿制古代的玉鼎、玉尊、玉簋、玉卣、玉壶、玉觥和玉炉等，纹饰上有古老的兽面纹、夔纹、云雷纹、回纹、勾云纹和谷纹等，色彩上则是老提油——尽量仿制出古玉常年埋在墓穴之中，混有土锈的色泽。

为了得到一件仿制的古玉，匠人们要用一年甚至几年来让新玉有了古色。之于匠人，大概是制玉生涯中最艰难的等候；之于皇帝，则是闲暇之时用来增添乐趣的玩物，虽然挚爱，但也并不是以此为生。

翻开古法，仿制古玉方法不少，以药浸法最为常见。药浸法除了宋朝的竹枝烧烤和姚宗仁讲的琥珀汁作色，还有四种：用血竭、紫草、透骨草以一定比例加水熬煮，直到新玉上有了红色沁斑，再用节骨草在表面搓磨，涂上蜡膏，最后在手中反复把玩揉磨，一直等到颜色入玉和古玉相仿；硇砂、血褐、密陀僧按比例配制，研成粉末，放入油罐中，将新玉投入，以小火慢慢熬煮几日，药色入玉后抹蜡磨光；用醋和着氧化铁粉涂在玉的表面烧烤，趁热在醋中浸润十几天，再埋到地下，数月后取出，玉的表面便有了土锈的颜色；或者在寒冬腊月，把新玉放在浓灰杏干水里煮，

碧玉仿古壶

再放入冰天雪地中冻出细纹。

也有残忍的"造血沁法"，或是用猪血拌黄泥，将玉器放置其中等着天长日久沁出古色；或是杀了活猪、活狗，把玉放进体内埋在地下数年后取出，玉色有了土锈色的血斑，几乎可以以假乱真。

时光荏苒，乾隆帝热情打造的玉雕技术巅峰，随着清帝国的没落也一去不复返了，但是人类创造文明的脚步却从未止歇，很多古代琢玉的技术，用现代工具可以轻易实现，甚至完成得更加精致。不过，那其中几十年如一日的岁月积淀和视雕琢如生命的情感注入，再也难以复制。所幸玉可以传承，玉之美色，人类的巧思，终会像今天一样，在未来千年万年里成为古老的少女，永远被记住，不断被提起，任何时候出现都是那样迷人。

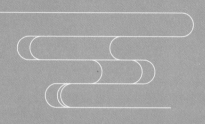

第六章

气韵生动

玉器的造型

"

　　折腰舞只是史书上关于戚夫人的关键词，
后人想象许久不知那是怎样的风姿，而玉舞人
的发掘出土将折腰舞真实鲜活地展现在今人面
前。原来那腰身如水，长袖当歌，是如此迷人。

"

几何规矩，人物活泼

　　古老的四川巫山县，瞿塘峡伫立在滚滚长江的两侧，以烟波浩渺为晕染，以茂密的山野深林为色，巍峨高峻，挺拔伟岸。深林里生长着一群猿猴，奔走跳跃，彰显着最早的灵长类动物的灵性。但凡江水有轻舟路过，就能听到两岸传来的此起彼伏的猿声。

　　生活在那里的先民，时常看到这些生灵在树与树之间飞驰，觉得它们长得和自己有些神似，却身手矫健可以瞬间腾挪，或许心中有了些崇拜，便当做神灵一样敬重，并用最宝贵的玉石雕刻了它们的模样。只是那模样更多几分像先民自己，双眼圆睁，直挺的鼻梁，没有耳朵，顶端有两个椭圆形穿孔，方便系绳，高六厘米，可以永久保存。

　　岁月辗转了五六千年，先民早已逝去，花草树木不知多少次

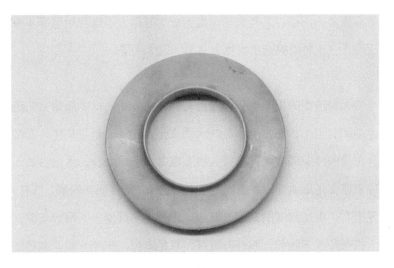

玉环

枯荣，山川河流也不知多少次变幻，只有那些似猿猴似人面的玉
雕留了下来，帮助后人知道，原来早在那么久远之前，玉雕就有
了人物的造型。

玉有灵，人有心，二者融合在一起创造了许多不同的玉雕造
型——几何造型、人物造型、走兽造型、花鸟造型、各种器具、
山水造型等等。

最古老的几何造型，规矩正统，可以用来装饰美貌，比如项链、
手链、手镯、指环、戒面、各种挂饰等等；可以用来当做祭祀的礼器，
璧、琮、璜、圭等。当更繁盛强大的文明出现，人类的巧手可以

雕琢更多的形态，几何造型就渐渐成为辅助，不过使用频率不减反增，在玉料的挑选上也更为苛刻，以优入型。

　　人物造型的玉雕也早就在历史舞台上登场，很多原始文化遗址中都有出土，比如巫山县的大溪文化、陕北的新华文化、安徽含山县的凌家滩文化。这些人物玉雕多是憨厚质朴，手法古拙。凌家滩文化墓地发现的玉人则是全身雕像，除了面部轮廓、五官、发束有了更加细腻的刻画，四肢也十分生动可爱——两臂弯曲，十指张开放于胸前，腕部有臂环，双足赤裸，脚趾分明，似是江淮先民以另一种形式从史前走来，与今人面对面，以不动的姿态讲述了属于他们时代的灵动。

凌家滩文化玉人

当时光流入有了等级制度的商周，人物玉雕的种类和造型丰富了起来。扁平的侧身像、丰满立体的全身像和圆雕头像，在姿势上有了跪坐、蹲踞、双手扶膝状。在人物细节上更加考究，不同身份有不同的衣饰、发式，就像妇好墓中出土的一尊跪坐人像，不仅在五官上刻画精细，就连将头发梳成长辫盘于头顶，束发的"发卡"都雕琢得一清二楚。腰间佩着类似刀剑的武器，看来威风凛凛。神情严肃沉着，不怒自威，大概是妇好的奴隶或臣仆。

江西新干县的大洋洲商墓里有一件侧身玉人，竟然已经出现链雕的技法——古老的匠人在玉人头部掏雕出三个相扣的玉环，工巧灵活，似是在极力证明这尊玉人的与众不同。而玉人胁下生

商代活环链雕羽神人

出双翼，腿部刻有羽毛，进一步说明了它的独特。它是古老先民心中仙人的形象，双翼展翅便能飞升上天，从此告别人间劳苦，挣脱桎梏，飞向任何一个想去的远方。

西周的玉人，数量不及商代，可能工巧匠在细节上有了更精湛的琢磨。玉人那一双眼睛不再是单一的"臣"字，眼梢勾卷着长出眼眶，眉毛中出现了短小的阴线纹饰，所有心事都写在了眉眼；衣着、发式更为精细。山西曲沃晋侯墓出土的一件玉立人，中间头发高高挽起，周围头发蓬松地披在双肩，衣领耸立，束腰，衣摆呈梯形，上面刻有垂叶形状的图案，是迄今为止发现的商周时期玉人雕刻技艺最高的一件。

玉人蹒跚着走到春秋战国，风格又细腻了一些。头发以细密的阴刻线雕，丝丝分明且整洁，可以长发披肩，可以做扇形发饰，从古朴走向了清秀，愈发动人可爱。服饰雕琢华美，明明是玉石所成，却像身披丝绸，光滑柔软，典雅高贵。战国更是将舞蹈中的形态雕成了玉人佩饰，或是单人独自翩翩起舞，或是双人相依手足飞扬，生动的美感在方寸之间得到了释放，每一眼都是几千年前的绝代风貌。

玉舞人生于战国，风流于汉代。汉代玉舞人，罗衣从风，长袖交横，折腰而舞，正是当时最流行的"翘袖折腰舞"。汉高祖

玉舞人佩

玉道③玉之美

宠姬戚夫人，史载"善为翘袖折腰之舞"。这位夫人生于民间，从小学习弹瑟击筑、歌舞，一旦舞动俯仰往来、若奔若翔，只是蹁跹舞姿就足以令人痴醉，更别说性格娴静温婉，和刚强坚毅的吕后形成反差，获得刘邦宠爱并不意外。只是刘邦的宠爱太专一又太张扬，夜夜与戚夫人为伴，"弦管歌舞相欢娱"，戚夫人歌《出塞》《入塞》《望归》之曲，刘邦让几百侍女学习，后宫齐声高唱，声震云霄。这样盛大的场面，如同节日一般，但并不是众乐乐，总有吕后孤单的身影在深宫带着恨意徘徊。

刘邦死后，吕后掌握朝中大权，将戚夫人幽禁在永巷，并断其手脚、挖掉眼睛、割了耳朵、喂哑药，成为人彘，最终在残酷的折磨中死去。从此之后，折腰舞只是史书上关于戚夫人的关键词，后人想象许久不知那是怎样的风姿，而玉舞人的发掘出土却将折腰舞真实鲜活地展现在今人面前。原来那腰身如水，长袖当歌，是如此迷人。

翁仲是玉舞人之外，活跃在汉代的另一种玉人。它身着长袍，束发有冠。相传翁仲姓阮，是秦始皇时期的一名悍将，身长一丈三尺，骁勇善战，力量惊人，带兵守临洮将匈奴屡次击退。他去世后，秦始皇命人将他的形象铸成铜人放在咸阳司马门外。汉人将翁仲雕琢成玉佩带在身上，希冀可以趋吉避凶，之后宋、明、清、民国时都有仿制品，而明、清也将翁仲雕作石像放在帝王的陵寝，比如北京的十三陵和南京明孝陵都有翁仲像，只不过是被当成了文官。

汉代翁仲多是"汉八刀"工艺，线条简单，只用三或五刀就雕出了面部的眼口，有的连眼口都没有，直接是长圆形的脸，却丝毫没有减弱它的威武。

唐代的繁荣，佛教的兴盛，让玉人有了更为宏伟的视角。它以飞天为主，面目慈祥，脚踩祥云，身穿长裙，肩头是飘逸的彩带，双手托着花果，昂首挺胸，以侧面示人，足以展现佛教中掌管乐与香的天神之态。

玉翁仲

吹拉弹唱俑

青玉反弹琵琶

　　此时还出现了胡人乐舞造型。盛唐对外来民族和国家体现着
一个大国该有的器度——包容，这或许跟李唐本身具有少数民族
的血统有关。于是在玉人的身上出现了胡人的造型，或是盘腿而
坐，或是击鼓吹弹歌唱，或是起舞弄影，带着胡人特有的立体五官，
穿着紧身短衣，衣袖细长，脚踩尖头靴子，留着卷曲而整齐的头发，
就像任何一个在盛唐街头看到的胡人一样，能歌善舞中透露着别
致的异域情调。

　　相较唐代，宋人在生活情趣这方面倒是有增无减，但在玉雕
方面却倾向世俗。人物雕刻多半是童子形象，宽阔的脑壳，梳着
双髻，手持荷花，穿着宽松肥大的中式衣裤，衣物纹路以阴刻线

宋代玉执莲童子

雕出褶皱，外面套着雕出了织锦感的坎肩。衣着装扮极尽华丽，可长相却十分憨厚：八字形的眉毛，鼻梁直挺挺地从内眼角刻到嘴角，嘴巴小巧，耳朵靠前，总体看来五官比较集中，可爱又像个冷峻的少年。

　　或许是佛教兴盛的缘故，宋人对童子形象十分偏爱。相传波罗奈国有一座仙山，山上住着仙人梵志。有一天，梵志照常在山上便溺，之后有一只母鹿经过将便溺舔食，随后怀孕，竟然生下一个漂亮的女孩。梵志将女孩抱回山洞抚养，以仙果琼浆喂养，女孩出落得婀娜动人，每走一步都生出一朵美丽的莲花。一日，恰逢波罗奈国王带着侍卫随从到山上狩猎，意外遇到了女孩，便

辽代玉架鹘童子

心生爱慕将其带回国都，封为妃子，地位仅次于王后。

不久之后，女孩身怀有孕，诞下一朵莲花。国王本来盼得一位王子，却没想到不仅不是男孩，竟是一朵莲花，大惊失色。王后一向妒忌，便趁机进献谗言，说女孩本是妖孽，生下的也是怪物，要赶紧打发了，不然影响国运。国王听信谗言，将女孩打入冷宫，同时命人将莲花扔到河里任其漂流。

几天之后，国王到御花园游乐，在水中发现一朵发着红光的莲花，恰恰是女孩分娩的那朵。国王被红光吸引，心中不禁生起崇敬和欢喜，急忙命人打捞上来。仔细一看，莲花生出了五百片叶子，每一片叶子上有一个品相端庄的童男。国王知道冤枉了女孩，便重新册封女孩为王后，将五百个太子精心抚育长大。长大的太子们个个骁勇善战、聪慧英武，以一可敌千军，为国家开疆拓土、平定叛乱，无往不胜。从此之后，波罗奈国鲜有战事，百姓丰衣足食，安居乐业，天下太平。

一尊小小的玉雕童男，宋人在其中寄托了太多的希冀，希冀吉祥如意，希冀国泰民安，希冀从生到死都是平安顺遂，没有波澜，也不祈求大富大贵，只要平淡安康就足够了。

童子之外，宋代也有飞天，只是和唐代飞天相比，少了几分仙气，六厘米甚至更大的形体。正面清晰的和童子开脸相似的五官，肥大静止的身体，这些统统让宋代飞天更像一尊敦实的神明雕像，而不是乘风归去的仙子。

元人手中诞生的玉人，和宋代的玉人有着相似的朴实憨厚，不过多半是蒙古人的造型。脸部用豪放的阴刻线勾勒出属于蒙古人的高眉骨、扁平的鼻梁和凸起的鼻头，身上穿着的也是蒙古人的窄袖、短裙和马靴，衣服褶皱不再细腻挺拔，而是换以柔软的弧度和粗犷的线条。但元代玉人有了新的进步，就是对于眼珠的刻画，用短短的阴线在眼睛内雕刻出眼珠，给了玉人一双可以与世界对视的双眸，一种新的神采飞扬而出。

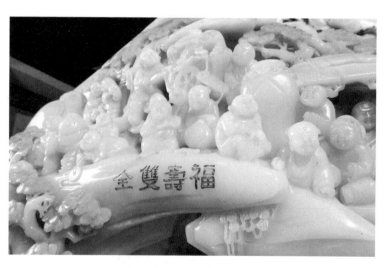

清代玉雕中的童子

这双明眸被明清很好地继承，不管是明代盛行的象征吉祥如意的人物题材，比如麒麟送子、婴戏。还是清代不拘一格的各种人物形象，比如老翁、童子、仕女等等，都有一双可以传神的眼睛。甚至清代有了更加精准的刻画，两道阴刻线雕出一道阳刻线，就像双眼皮，而眼眸含笑，总是喜乐的神情。清代的人物雕刻更是注重立体，几乎都是圆雕立体，鲜见薄片状的人物，尽量做到了逼真，写实重过了写意。

在人物玉雕之外，先祖对万物生命的雕琢，也都在意与实之间游走，是一份对灵性的临摹，也是对内心美好愿望的寄托。于是走兽可以抽象但必祥瑞，花鸟美且风流，人类对大千世界的巧妙心思都放在这方寸之间了。

走兽祥瑞，花鸟风流

　　不知道多么久远之前，人类还没有踪影，天地之间已经包容着一群生命，它们在山川中奔走跳跃、施施而行，在天空中展翅飞翔，在流水中穿梭游弋，是自然的主人，也对自然虔诚地臣服。直到更加智慧的人类到来，这些生命被命名为动物，人类自作主张凌驾于它们之上，同时又心存敬畏地相互依存和竞争。于是，人类对动物的感情非常复杂，一方面自负到可以猎杀捕获，一方面又敬若神明，把它们刻在玉石上以求庇护。

　　无论是红山、良渚，还是有丰富历史可以剖析的唐宋元明清，都能找到大量的玉雕动物佩饰，比如红山玉器中的玉猪龙、玉鹰、玉鸮、玉鸟、玉龟、玉鳖、玉鱼、玉蝉等；良渚文化中出土的鱼形佩、蛙形佩、鸟形佩、龟形佩、猪形佩等动物玉雕；唐宋时期的骆驼、孔雀等；辽金元时期的野鸭、天鹅、鹰鸟等；明清的神兽、家禽、

玉猪

玉鱼

黄玉神犬

生肖等等。动物玉雕几乎一直伴随着人类文明不断地推陈出新。

在大多时候，动物玉雕，特别是走兽，代表的是趋吉避凶。遥远时代的先民们在有限的知识范围内认定了飞鸟翱翔、鱼潜水底、蝉蜕壳之后依旧活着、乌龟活得远比人类长久等等都是因为有一种神秘的不可见的未知力量在操纵。先民们敬畏这种力量，同时希望这种力量也能庇佑自己。于是他们用玉仔细雕琢它们的模样，将其供奉，由此期盼着长命百岁、福泰安康、丰收富足、一生平安。

在诸多动物玉雕之中，花鸟玉雕又有着特别的地位。在最初的希求中，花鸟承载的依旧是吉祥如意的先民愿望。但随着花鸟画在绘画中成为独立的科目，花鸟玉雕也脱颖而出，成为单独的一种玉雕造型。

花，是所有植物的代称，可以是一朵怒放的莲花，可以是骄傲挺拔的一棵绿竹，更可以是一片落叶、一根枯枝。它们是开放后会衰败，枯萎后又可以逢春的生命，是人格高洁志向的象征，是人生起起落落的浮沉。人世态度，以花为媒，讲给众生来听。

鸟，代表了所有禽鸟、飞虫，是雄鹰舒展翅膀，是喜鹊报喜枝头，是凤鸟朱雀的灵性，是寒蝉鸣泣，是生命在自然中铿锵有

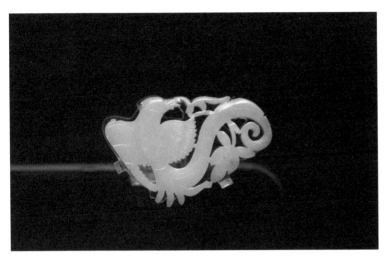

宋代玉凤衔花饰

力的争鸣，是对于天下安宁的急切渴望。

花鸟玉雕在隋唐时期开始风行，出土物不少，这要归功于花鸟画在同时期的鼎盛。花鸟画出生早，但作为一个独立完整的生命是在隋唐才确立。经过五代，到了宋朝，花鸟画成为文人阶层托物言志的最佳途径，因此也带动花鸟玉雕达到高峰。

花鸟画，不仅仅是惟妙惟肖地刻画现实生活中的花卉禽鸟，更多的是表达人与自然之间的审美联系。是能工巧匠"万趣融入神思"的意念体现，传递的是自然变化与人的思想情感之间的关联，它想让世人看到的"意"和"情"多过了工笔本身。

移到方寸之间的玉石上，这种对于天道运行、自然与人的关照并没有消失或减弱。艺术家在画中体现的悠然自得、平静和美、轻松温柔的感受，也都一一被放大于小小的玉石之上。即便是今天，汲汲营营的有情众生，在生活中奔波劳苦之余，向往的依旧是一处庭院，家人在侧，可以呼朋唤友，一起在鸟语花香中消磨时光，将烦恼打碎落入尘土，滋养了更加美好的下一次生命的怒放。

但这并不意味着放弃了对细节的追求，正如艺术家对花鸟画工笔上的严苛要求，匠人在玉雕上也尽量还原了花鸟的形神，细致到连羽毛的纹理都能看清，甚至一眼望去就知道它们是什么科属纲目。不过绘画和玉雕毕竟不同，绘画的基础是一张白纸，玉

白玉渔舟唱晚摆件

雕的基础是一块天然形成的、有自己色彩和形态的玉石。于是在创作过程中，两者几乎是相反的。花鸟画先赋予形态再着色，而面对有杂色的玉石要按照俏色的技法来先对颜色进行设计。

有趣的是，尽管创作过程截然不同，但在没骨法的使用上倒是出奇的一致。没骨法是花鸟画中的一种独特技艺，没有墨线勾勒，直接用色彩铺张，没有笔骨，雏形大概可以追溯到宋代，但真正创造使用是清代的恽寿平。恽寿平活着的一生是与清廷为敌的一生，少年时就跟随父亲抗清，父亲去世后，他一生没有参加清廷举办的科考，以卖画为生。他早年专工山水画，与"画圣"王翚是好友。王翚的山水画几乎无人能敌，或许是不甘心居于第二，便在中年时专工花鸟，独创没骨画法，"粉笔带脂，点染并用"。

花鸟玉雕是天然的没骨法，没有线条勾勒，借助玉料本身的颜色进行创作，实现了最为自然的"色线融合"。大概凡事都是这样，没有机巧，少了刻意为之的牵强，都能得到本真的美感。

走兽祥瑞，花鸟风流，小小的玉雕在手掌间的每一次腾挪，都在创造全新的美好。

器皿考究，山水鲜活

有人，有生灵，有花草，便有山水。玉雕山水，业内人士更习惯称为玉山子。玉山子从两宋而来，明清时有了登峰造极的成就，如今摆放在故宫博物院的世界上最有名的玉山子——大禹治水图山子，就诞生于清朝乾隆年间。

乾隆皇帝一直想成就自己在艺术政治上万古垂青的盛名，为此他做了许多事，比如在大量艺术品上留下自己的诗句或印鉴，比如用大禹自比，认为他缔造的盛世和大禹当年治水一样拯救了苍生。当时在新疆密勒塔山发现了一块万斤重的玉料，成色青幽，乾隆知道后欣喜非常，命人运送到京城，准备按照宋代《大禹治水图》雕刻玉山子。

为了运送这块巨型玉料，专门制作了轴长十几米的大车，前

大禹治水图山子

面有一百多匹马拖拉，后面有上千人推进。翻山越岭，开路架桥，冬天在地上泼水，结冰后滑行，就这样日夜兼程地赶路，也花了三年多的时间才抵达京城。

虽然到了京城，但雕刻工作并不完全在京城完成。清廷造办处根据《大禹治水图》先设计图样，然后做成蜡制模型，按照模型在京城完成了初步的雕刻。之后送到扬州，由久负盛名的扬州匠人进行精雕细琢。扬州天气炎热，造办处担心蜡制模型因高温而损坏，便又制作了同等比例的木质模型送到了扬州。玉山子在扬州雕刻完成后沿着水路回到了京城，由乾隆皇帝亲自完成最后一道工序：题字、题诗、钤印等等。

这个时候，距离开采玉料已经过去了十几年，单是雕刻就花费了八年的时间，大禹治水也不过十三年而已。不说乾隆个性上的好大喜功，这件玉山子的确是后世宝贵的财富，整件作品一气呵成，将禹率领众人开山的场面雕琢的毛举缕析，十分详尽——匠人以高浮雕的手法展现出山峦叠翠的立体感，青松苍苍，飞瀑流泉，上面密布着众多人物，有的粗衣麻布，有的赤裸上身，他们或是抢斧挥镢，或是拉动滑索，身体的肌肉因为发力而迸出鲜明的轮廓，开山移土造福苍生的决心和热情不断涌出。

对于乾隆来说，这件玉山子是他丰功伟绩中的一个，但也的

青玉五老图山子

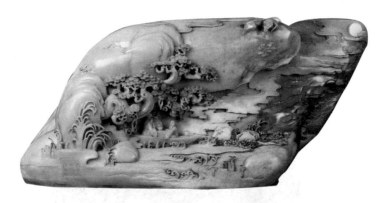

墨白玉夜游赤壁山子

确让他有些担忧，怕自己树立了一个不好的榜样被后人学去。于是他又写下告诫，叮嘱后人不可为了追求宝物和成就再进行这样的行为。

就像乾隆根据宋代画卷《大禹治水图》为模板，玉山子受中国传统山水画的影响非常大。玉石上的山川草木、建筑风貌、人物及动物等元素，皆是立体的山水画。

中国的山水画，演活了人类理想中的诗情画意，把诗人笔下的"山水含清晖，清晖能娱人"以颜色线条挥洒，笔精墨妙让人心生向往，不知不觉就混淆了画与自然的边界，身处的是天地之间，也是画轴之内。

起初山水画是人物的背景，起码在魏晋南北朝时期是这样的，以人为主，山水不过是人物立足的一方小小天地，所有美都是为了衬托出人物的洒脱或悲怆。直到隋唐时期，人物比例有了明显的缩减，山水于画布之上磅礴而开，夺人眼球，只是人物比例依旧占多，终归"人大于山"。到了宋代，山水画像花鸟画一样成为单独的一门画科。从此之后，但凡山水画科，人物就只是点缀和陪衬，大大削弱了人物画所承载的"成教化，助人伦"的责任，审美转向对精神和心灵的关照。

　　于是宗炳在《画山水序》中写道："于是闲居理气，拂觞鸣琴，披图幽对，坐究四荒。不违天励之藂，独应无人之野。峰岫峣嶷，云林森眇。圣贤暎于绝代，万趣融其神思。余复何为哉，畅神而已。神之所畅，孰有先焉。"峰峦高峻，深林绵延，山水画中体现的一切都是为了让人不要辜负自然多姿多彩的创造。宗炳说那画中藏着的是先贤在荒远年代的思想光辉，是无穷的意趣和神思相交融的愉悦。

　　在这个层面上，玉山子和山水画都是以形悟天地之道，本质上有一定的相似性，但玉山子把山水画中经过几百年弱化的人物、建筑重新着重刻画，独立的山水又变回了背景，可这丝毫不影响山水树木所体现的生命张力。

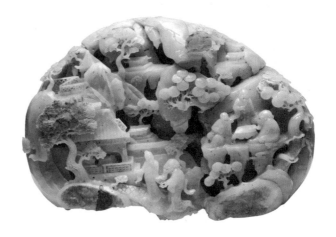

白玉五老图山子

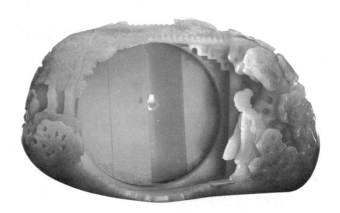

桐荫仕女图摆件

于是玉山子的确在模仿山水画，却也在赋予山水画新的审美方向，不仅是强化了山水画中弱化的部分，同时对山水画进行了截取和重组。可能玉山子雕刻的只是山水画中的某个部分，或者是将不同山水画的部分进行了重组，形成全新的艺术品。更重要的是，玉山子利用了圆雕、浮雕、镂空雕、线刻、多层透雕等技法，让山水立体，感官上更加亲切自然。

不过玉山子雕刻的不仅是真正的高山流水，也雕刻假山奇石。宋代真宗喜欢园林假山，曾带着群臣观赏石假山。玉工受此启发，用整块璞玉打造了一座玉山子。乾隆年间也多有以假山为蓝本的玉雕，"桐荫仕女玉山"便是根据《桐荫仕女图》而作，雕刻两位女子，一位手持灵芝，一位捧着宝瓶，一里一外隔门而立，从门缝中对视，周围景观便有假山、桐树、芭蕉树、石桌石凳，完整而柔和地将幽幽庭院烘托于前。有趣的是，这件玉山子是以雕完后的弃物所刻，丝毫没有浪费玉料，也没有辜负怠慢了那美人美景。

人和自然的相映成趣，仅仅是如此这般爱戴身边的一山一水、一草一木，就已经让玉山子有了更高的审美追求。而玉山子又将这种审美变成了触手可及的器物，随身携带也好，摆放在某处也罢。人虽然不能走遍千山万水，真正在山水间恣意潇洒，也可以用玉器来抚慰向往自由的内心。

这种精神上的追逐，在玉器器皿造型上或许就少了一些。器皿从诞生以来就具有较强的神性和实用性，《周礼·舍人》："凡祭祀共簠簋"，簠为长方形器，分盖和器身，两者大小一样，上下对称，合起来是完整的器皿，分开则可以当作两个使用。夏商周以来已经有了神祇体系，祭祀随之成为国家礼典。用来祭祀的多是器皿，或是用来装酒，比如四羊方尊、饕餮纹铜罍；或是用来装粮食，如胡輂。

　　玉器在红山、良渚文化中出土，就带着神秘的巫学色彩。于是以玉仿制铜器也有祭祀的可能，不过玉器器皿最多的是作民用，实用性更高。

　　曹雪芹在《红楼梦》里提到了许多玉器器皿，用来体现王孙贵胄的奢靡生活。比如宝玉品茶栊翠庵，妙玉将自己常用的绿玉斗用来给宝玉斟茶，那少女心中不安甘居红尘外的巧妙心思，都在这一只茶杯和递给宝玉吃茶用的小小举动上。又像袭人要把缠丝白玛瑙碟子送于史湘云，没想到被晴雯拿去盛放荔枝送给了探春，袭人说"家常送东西的家伙多着呢，巴巴儿的拿这个"，随后命人取回，可见玉器器皿的珍贵。除此之外，荣宁二府还有大量的玻璃缸、玛瑙碗、玉瓶、玉盒、玉香炉……

　　许多人说，玉器雕成了器皿有了生活用途，不免俗气了些，

玉道◉玉之美

青玉灵山法会山子

失去了通灵本质，可事实上，玉器器皿在造型上非常考究，地位也极其尊贵。著名玉雕大家潘秉衡曾说："器皿是玉器的正宗，体现着玉器工艺中多样而又完整的技艺结构。"

玉器器皿主要以炉、瓶为主，还有以青铜器为蓝本制作的罐、尊、罍、卣、瓿、觥、鼎、爵等，造型有方、圆、菱、椭圆等形，技法上多以圆雕、浮雕、镂空雕居多，装饰上有人物、花鸟等等。

每一件玉器器皿，也都秉承着惜料的原则进行雕琢，但必然要为了兼顾器形而有所浪费，比如在造型上要求对称协调；在颜

青玉三足熏炉

色上要求色调和肌理保持一致，色彩要均匀；如果是一件有盖和器身的器皿，像是茶杯，那么杯盖和茶杯在接缝处要严密相扣，看起来是一个整体，色彩上不能有所割裂；器皿作为祭祀用途，必然有肩耳、颈耳，肩耳对称，颈耳雕琢细腻。

越是贴近生活，越是要小心翼翼。器皿体现的不仅是地位最崇，更是雅士的生活情趣。一只玉壶，倒出的不仅是酒，是冰心一片的真挚；玉碗中琥珀色美酒，是远走他乡的凄楚，也是随遇而安的豪情；玉瓶泻出也本不是琼浆玉液，是对自然生活的迫切向往。

飘逸中有风骨，硬朗中有温润，脱俗又有人间烟火，在出世与入世间悠然转换，这恐怕就是人生最好的态度。

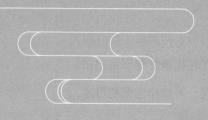

第七章

雕文刻镂

玉器的纹饰

"

食物和工具，天生一对，食物负责果腹，
工具负责种植与烹饪，将食物最好的味道和营
养激发，于是工具和用具也一样被尊重地雕刻
成纹，永恒地留在玉器上。

"

源于生活，生于需要

　　无法想象远古的先民怀揣着怎样的心情在玉石上刻下第一道纹路，或许是察觉单调青素的玉石已经不足以表达内心的宏愿；或许是站在满是粮草的田间，忽然感怀想把身边最好的东西记录下来；或许是想让某样东西更加具体深刻地出现，好来表达一种莫名的敬畏与尊崇。无论如何，玉纹是带着特别的用意诞生，又辗转了漫长岁月和文化浸润成为更加形象美丽的模样。而这一切，都跟先民的生活休戚相关。

　　古玉纹种类繁多，但归类总结也不过几样：
　　粮食类，比如谷纹、粟纹、乳纹等；
　　用具和工具类，比如斧纹、碾纹、绳纹、蒲纹、皿纹等；
　　自然现象类，比如云纹、雷纹、水纹等；
　　动植物类，比如鸟纹、龟纹、蛇纹、鱼纹、蝉纹、藻纹等；

青玉龙龟

几何图样类,比如三角形、四边形、圆形等;

想象出的神怪动物类,比如龙纹、凤纹、螭纹、虺纹、饕餮纹等。

这些纹饰无非是人们日常可见的题材,以及从生活中产生的意识形态的题材,说到底都是源于生活。

无论是茹毛饮血的原始文明,还是深犁细作的农耕文明,先民都是在用劳动和智慧谋求生存和发展,于是和劳动有关的一切内容,像是粮食收获、天气情况,都可以变成艺术创造的源泉。而技艺的兴盛,还要归功于一种原始本能的需求——风调雨顺、安居乐业,只是这种需求在起初被先民寄托在了宗教之上。

一次打雷,一位先民正在深林劳作,忽然看到雷电劈开了不远处的一棵大树。先民震惊又恐惧，不知这种现象该如何解释，便认为是有神明发了雷霆之怒。不久之后，又有人被这样的雷霆之怒劈死，先民的心里更加忧怖，开始思索是否有一种方法可以避免自己遭此厄运。思来想去不如试试祈求神明的庇佑，将最好的东西献给神明，或许能够求得平安。宗教的意义基本是基于这种需求。无数以当时的文明无法解释的事情，都被先民赋予了神圣的力量。那时的自然，是主人，自然界可以让人类活下去的一切都是一种恩赐。

早期信仰出现之后，玉这种非常珍贵的宝物自然是可以联通天地和人的，用它来做成巫器、礼器是最能表达人类对万物有灵的尊重的，纹饰就在这样的氛围中出现了，就像祭祀用的玉器多有神怪动物的形象。

但人类社会的推进并不依靠神灵保护，更多的是财富的积累，这当中伴随着大量的掠夺性战争，出现了部落、氏族之间吞并，于是纹饰的变化也随着岁月是否安好发生着变化。在相对安稳的母系氏族社会，也就是新石器时代的前期，那时的先民没有彼此戕害的野心，于是纹饰比较少，玉石保留了较为拙朴的模样，就像先民的心一样纯明。

与此同时也有一些图腾纹饰出现，代表着不同的部族，比如

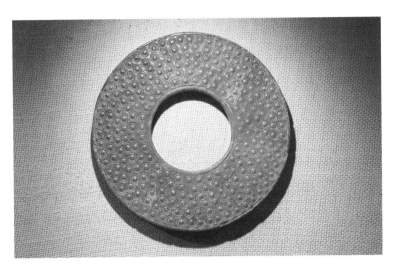

粟纹璧

龙纹、猪纹，仰韶文化、磁山文化、大溪文化、屈家岭文化、河姆渡文化、红山文化等等都属于这个时期，出土了大量的图腾纹饰的玉器。各种文化之间的纹饰也会交流影响，比如红山文化以猪为图腾的豕韦部落就以猪纹和龙纹为修饰，创造了猪首龙身的形象，显然是受到了相互交流的影响。这种交流是亲切柔和的，不是通过战争实现的。

　　但当人类心中开疆拓土、扩大财富的野心被唤醒之后，战争随之而来。这时是新石器时代的中晚期，氏族之间开始掠夺、杀戮、压迫，"黄帝之难，五十二战而后济；少昊之战，四十八战而后济；昆吾之战，五十战而后济；牧野之战，血流漂杵"，残酷的生存

玉道㉚玉之美

模式一旦打开就扼杀了所有温情脉脉。这个时候的纹饰，再也寻不回当年的平和轻松，就像失去了童真的岁月，变得狰狞神秘，比如饕餮纹。

之后漫长的时光里，文明都在战争和平静中来回踱步，纹饰也随之有所变化，或者说纹饰的象征在发生变化。比如龙纹，一开始不过是部族的图腾，演变到最后成了一种具有号召力和凝聚力的徽章，它是至高无上的权力，居于文化的顶层睥睨一切，中华民族都是龙的子孙与传人。

而在经历了长久的动荡起伏之后，纹饰也加强了玉之美，或者说是玉之美的另一种传达。这种美扎扎实实地源于生活，生于需求，让玉器在崇高的精神境界中多了几份贴近人间的味道。

粮食工具，劳动即美

以粮食为题材的纹饰中，谷纹、粟纹、乳丁纹出现得最为频繁。人从生到死，不过是为了稻粱谋，中国人常把"养家糊口"挂在嘴上。想来也是这样，嘴巴在没有语言出现的时候，最主要的功能是咀嚼食物；双手为了狩猎而存在，狩猎的目的是填饱肚子；身体的所有脏器都需要食物的滋养才能正常运转，"民以食为天"是最基本的要义。

于是让粮食出现在纹饰中，是一种对基本生存的关怀。古代对谷物类粮食统称为稻，又有五谷之分，分别是粱、黍、稷、麦、菽。粱是小米，黍是黄米，菽是豆类，稷是高粱。由于五谷的变化微乎其微，所以无论时代怎么变化，在历史里漂泊的谷纹都大同小异，多是单线圆圈，或是以阳文，或是以阴文出现，阳文更像是印刷体中的逗号。

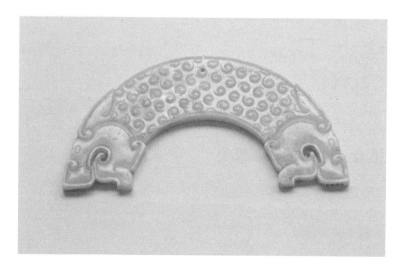

白玉谷纹龙首璜

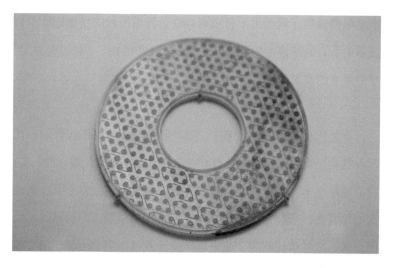

青玉勾连乳钉纹璧

谷纹一般是单独的纹样，以不同的组合方式出现在玉器上，早在夏商周三代之前就被广泛使用，后期许多礼器比如瑞玉中的谷璧就是以谷纹装饰，还有玉圭、玉环、玉瑗等都有谷纹出现。一般是规则排列居多，间距规则，纹样旋转方向一致，四方连续。也有不规则排列的，大多是出现在不规则的玉器上，比如谷纹玉龙身上的谷纹就随着龙身的扭转而环绕排列，纹样间距可大可小，旋转方向非常随意，却有一种难能可贵的自然美态。

粟纹就像它的名字一样，是一颗颗小米大小的不规则的小圆点，有点类似乳丁纹，但乳丁纹是凸起的圆点，致敬母性和生育，感怀生命的起源。在许多瑞玉之中，乳丁纹都密密地排列在上面，像突出的乳头，更像是一颗颗蓄力待发的种子，一派生机盎然的模样。乳丁纹的排列多是规则的，要么是直线排列，要么是四方连续排列，每个纹样之间距离一样。

食物和工具，天生一对。食物负责果腹，工具负责种植与烹饪，将食物最好的味道和营养激发，于是工具和用具也一样被尊重地雕刻成纹，永恒地留在玉器上。

皿纹是跟工具有关的纹饰中起源较早的，也有"环纹"之称，如是双线勾勒的环纹则是"双环纹"。皿纹将古代器皿的样子用简单的线条勾勒成型，雕琢在一些古动物纹样的身体部位，丰盈

青玉弦纹璜

充沛了整个形象。最常见的皿纹是豆类器皿，豆是古代一种盛放食物的器皿，类似高脚盘，于是豆字在古字里非常高挑。《周礼》中说豆类器皿是用来祭祀神明的礼器，古动物又是神物，礼器上的神物纹饰，无论是理念还是审美都非常协调。

绳纹一般出现在玉器或图案的边缘，以多股绳为形，多用于辅助性装饰，就像衣服上的花边。

蒲纹从字面看上去更像植物类纹饰。在床桌椅凳匮乏的古老年代，先民都以蒲草变编成席铺在室内当作床铺。于是玉纹中的蒲纹，不是水草蒲纹，而是家具用品蒲席纹。它出现在玉器上，

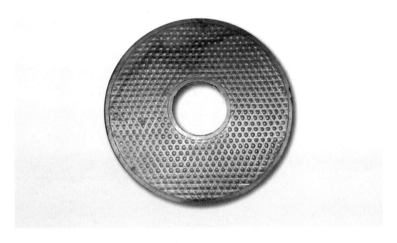

青玉蒲纹璧

是往三个不同方向的平行的交叉的线条，这些线条或深或浅地将玉器表面切割成了无数的六角形，就像蒲草编织中的空隙，看上去生动写实，又不乏古朴。

　　把生活中的点滴都雕琢在玉器上，用以表达对神灵至高无上的敬重，其实是对生命最大的热爱。这种热爱让每段摇摇欲坠的人生都得到了稳固，让所有凄楚悲伤的灵魂得到开释，让每颗漂泊无依的心有了寄托，这或许是美带来的看上去不可触摸却又真实存在的力量。

气象生动，龙凤呈祥

食物、工具，不管岁月变迁，它们都有实物的模样，摸得到、看得到，有形有型，容易创作。可先民并不满足，他们要追求的是宇宙万物的姿态，要把一切与人息息相关的事物都以自己的理解雕刻成纹，于是诞生了云纹、雷纹、龙纹、凤纹等等。

云看起来有形可鉴，可终归是在空中流动，千变万化，捉摸不定，于是"浮云终日行""白云苍狗"，跟人生一样无常变幻。无形要有形，聪慧的先民把白云变化的特征记录了下来，一卷一舒、回转之态，于是云纹便是旋回的线条。将这种线条均匀规则地排列在规规矩矩的玉器上，比如云纹璧、云纹瑗，也有不规则排列的，比如云纹玉龙。这时云纹的主要作用是填充，让整个造型看上去饱满丰富。也有奇思妙想的用法，将许多云纹排列成兽面，成为云纹兽面，远观是兽面，细看是许多云纹密密排成。

云纹玦

　　雷纹比云纹更加难以创作，这种只有声音全无形态的气象，即便是极有天赋的画家也很难勾出它的形象。但生活在遥远时代，审美体系尚未形成的时候，便用文字表现出了雷的模样。不知雷声究竟是什么模样，可雷声轰鸣而过，不久之后就是万物复苏、百花齐放，春天的踪迹循着雷声缓缓展开，于是雷声大概就是生机盎然的模样，所以雷中应该有万亩良田。而雷声常常是此起彼伏，好像翻滚着从东到西，从北到南，所以要有回旋的模样。于是古老的文字中，雷是田和旋转的符号的组合，变成纹饰也多是这样。

　　雷纹诞生后很快受到了追捧，不仅出现在玉器上，也出现在

波形雷纹器皿

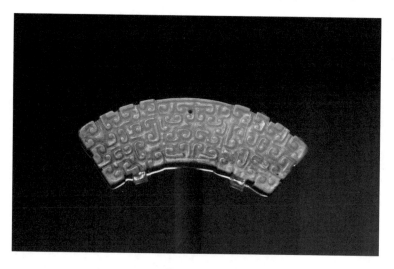

黄玉蟠虺纹璜

家具、服饰、建筑、文玩小品等日常生活物品上。大概人们宠爱的不是雷纹的模样，而是先民的智慧——以简练优美的线条将无形变为有形，将难以捉摸的自然规律形象化，以有限的纹样描绘无穷的智慧。

这种智慧和想象力，也同样运用到了神怪上。玉纹中除了自然中存在的象、龟、蝉、虎、鱼、鹰、鹿等之外，还有一些神话传说中才有的怪兽，比如龙纹、凤纹、饕餮纹、螭纹、蟠虺纹、夔纹、虬纹等等。

龙和凤一开始都是作为部落的图腾存在的。龙的形象最早可追溯到红山文化的猪形蛇身造型，随后慢慢演化成各种龙的形象，有夔龙、虬龙等。在周代龙纹开始大量出现在玉器上，这时候还是一些抽象的纹饰，直到唐宋时期才接近现在的形象。《说文解字》中曾载："龙，鳞虫之长，能幽能明，能细能巨，能短能长，春分而登天，秋分而潜渊。"

凤是传说中的百禽之长，是代表吉祥幸福的瑞鸟。它可能也像龙一样，是很多种原型叠加统一的产物。中国玉器上早在红山文化时期就有玉鹰的形象，相当于先商和商代时期的石家河文化首先创造了接近于现代凤的形象，商又是一个崇拜玄鸟的民族，凤的形象一直流传下来，甚至吸收了朱雀、瑞鹤、鸿鹄等或玄幻

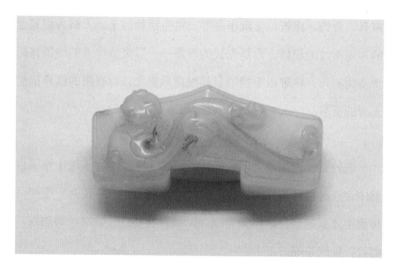

螭龙纹剑格

青白玉饕餮纹夔龙纹方瓶

或写实的形象，最终成为王室中后宫之主皇后的象征。

《神异经·西南荒经》中说："西南方有人焉，身多毛，头上戴豕，贪如狼恶，好自积财，而不食人谷，强者夺老弱者，畏群而击单，名曰饕餮。"《吕氏春秋》中写饕餮是"有首无身，食人未咽，害及其身"。对于饕餮究竟是什么，最常见的说法是龙生九子中的一个，以贪为特征。饕餮纹的出现是一种告诫警示，告诉统治阶层，不要贪得无厌。在夏商周那样的时代，文明刚刚从荒芜中建立，能以饕餮警世，也看得出统治阶层的良苦用心。

跟饕餮有着相同的出身，螭也是龙九子中的一个，《说文》中写道："螭，若龙而黄，北方谓之地蝼，从虫，离声，或无角曰螭。"它主宰着云雨，是最早的雨神。螭纹也毫无疑问地成为先民祈求风调雨顺的符号。

虬也是龙子，"龙无角者"是为虬。作为龙子，虬在纹饰上只是为了展现龙纹的多样化。夔纹的命运也大同小异。夔是龙的一种，但在《山海经》里，夔是一种没有脚，只有一条腿的青黑色怪兽，"东海中有流波山，入海七千里。其上有兽，状如牛，苍身而无角，一足，出入水则必风雨，其光如日月，其声如雷，其名曰夔。黄帝得之，以其皮为鼓，橛以雷兽之骨，声闻五百里，以威天下。"夔作为纹饰，并没有像螭一样带着一种具象的使命，

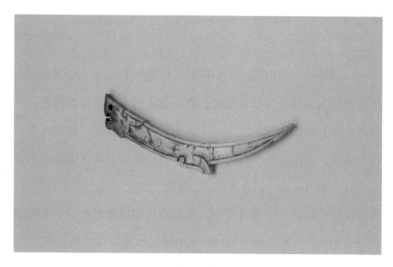

虬龙形觿

玉凤形器

只是它足够神圣，应该被用在神圣的器皿上。

虺虽然不是龙是蛇，但在先民的想象中，它和螭、夔、虬一样都是蛇身，只是虺有两个头，夔头大了许多，螭长相似虎，虬没有角。

这些神怪都是龙纹，虽然有所区别，但在蛇身的刻画上达成了统一，这是龙在演化过程中最初的模样。它原本是蛇图腾，部族之间征服融合，渐渐在蛇图腾上多了其他动物图腾优美的部分，最终形成了明清时代典型的蛇身、鱼鳞、牛头、鹿角、虾眼、鹰爪的龙形象。

几乎是与龙同时诞生，凤也被心灵手巧的匠人雕刻在玉器上。龙和凤，是中华民族的两个重要图腾，分别代表着两个文明源头——东夷族和西羌族。东夷族以太皞伏羲氏和少皞金天氏为始祖，西羌族的始祖是炎帝神农氏和黄帝轩辕氏。两大部族常年四处征战讨伐，一个以蛇为原型经过多年征讨最终形成了龙图腾，一个以鸟为原型最终形成了凤图腾，当它们各自发展到势均力敌无法使对方臣服，便以通婚的形式达成了和平共处的意愿，从此龙凤呈祥，共同壮大了华夏民族的体系。

龙凤纹一步步走上了权力之巅，从文明图腾演化成帝王崇拜，

白玉万字纹饰

就此与皇权合二为一，代表九五之尊的玉器统统以此为纹饰。

除了这些常见纹饰外，玉纹还有许多类别，卦象纹、如意纹、万字纹、莲花纹、弦纹、旋纹、蝌蚪纹等等，细细数来不胜枚举。它们或是秀骨清相，婉雅俊逸，或是朴达拙重。纵有万种风情，表达的也不过都是对天地之间那造就万物苍生的灵性的追逐与崇拜，或许只有这样的精神依靠，才能缓解从烦恼中滋生的哀愁与惆怅，才能消弭从世事无常中生长的无奈和忧伤，才能真正建立起对未来的憧憬和向往。

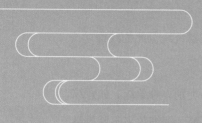

第八章

君子修养

玉器的题材

"

　　那些表现古圣先贤品德智慧、才能气节的
经典故事，被附加到人文气息强烈的玉石之上，
摆放在书房、厅堂、卧室，一步一题的陶冶着
情操、启迪着思想。

"

文人墨客，玉之美意

也许再也找不出一个时代，像宋那样激动人心。也许再也找不出一个时代，像宋代文人一样把自己的君子之度送给了玉。

严复说："若研究人心、政俗之变，则赵宋一代历史最宜究心。中国所以成为今日现象者，为善为恶姑不具论，而为宋人之所造就，什八九可断言也。"

陈寅恪说："华夏民族之文化，历数千载之演进，造极于赵宋之世。后渐衰微，终必复振。"

日本学者宫崎市定在《东洋近代史》中说："中国宋代实现了社会经济的跃进，都市的发达，知识的普及，与欧洲文艺复兴现象比较，应该理解为并行和等值的发展，因而宋代是十足的'东

青玉临溪幽赏图山子

方的文艺复兴时代。'"

盛唐的瑰丽在落幕后，分裂的中国只留下令人追悔的繁华背影，林立对峙的不同版图此起彼伏地经历着繁荣和衰败，当宋出现之后，碎片一样的五代被重新拼成了完整的一个国家，这是让人激动的根本制度上的统一，而之后宋代高效快速地发展让这种激动更加强烈。

宋代的经济发展到什么程度，单是《清明上河图》就可以看到，城市的街头巷尾布满熙攘的人群，人群背后是宏伟壮观的建筑，大家在这样的富丽堂皇中用中国最早的纸币交子进行交易。只有商业发达，才会门庭若市。宋代有早市夜市草市，足够充分地满足了宋人高涨的消费欲求和消费水平；宋的商业模式非常丰富，读书有话本，唱歌有瓦肆，就像如今的歌厅。就连逢年过节，宋人也享受着史无前例的欢腾。

比如元宵节，宋代政府会在过节期间减免公租房三天的租金；从正月十四起，政府每天会给表演的歌舞队发钱发酒；每到傍晚，政府挨家挨户询问晚上点灯的油烛是否够用，不够的话政府发放油烛钱；正月十八，也就是法定元宵节狂欢的最后一晚，政府派人给做生意的商人派钱，每人数十文，预祝他们来年生意兴隆。有发达的经济为基础，宋代的文化自然蒸蒸日上。

青玉文房用具

（砚台、镇纸、笔架、墨床、笔管）

魏晋以来文人墨客心心念念的三教合一，在宋代开花结果，形成了宋明理学。这种新兴的哲学有儒家入世的热情，让朝堂上的文官们保持着丰沛的参政和治国的热情，而道家与佛家提倡的自然与解脱，又让这个时代的文人们在政治抱负之外看淡了荣辱得失，可以潇洒地走在情理之间，比任何一个时代的文人都更超脱。

唐代所兴盛的诗歌刚刚转身，宋词便迎来了百花怒放的春天，然而宋代的文人又不仅仅只会作词而已，他们在绘画、书法、音乐等艺术领域都有惊人的表现。于是宋代的文官中，几乎人人都是某一艺术领域的集大成者，官至翰林学士、枢密副使、参知政事的欧阳修是文坛盟主，是北宋诗文革新的领袖；曾任翰林学士、

碧玉镂雕缠枝花卉纹转心瓶

侍读学士、礼部尚书等职的苏轼，是个全能艺术家，几乎没有他
不精通的艺术门类；宰相王安石，最擅长说辞论理的短小散文；
曾任江西安抚使、福建安抚使等职的辛弃疾，将豪放诗词推至巅
峰，人称"词中之龙"……

宋代政坛文坛几乎成为一体，甚至很多政客在文坛的影响力远超政绩，就像后人一说起苏轼就想到"明月几时有""此心安处是吾乡""一蓑烟雨任平生"，却忽视了他在地方任职时兢兢业业，做了许多为官该有的政绩，比如他在海南任职，帮助当地百姓解决了只能饮用污浊河水的状况，带人挖井引泉，让当地人用上了干净水。

繁盛的文化氛围，用极其宠溺的目光注视着这群活跃的文人墨客，培育了宋代文人与众不同的精神境界。他们在当官做事，却又似乎是个隐世的高人，他们钟情于建立属于自己的独特纯粹的精神家园，热爱世俗之乐，却不被世俗奴役。于是，宋代文人的身上，总有一种闲雅的气质，似乎把所有苟且都活成了诗和远方。

当然这要归功于统治者崇文抑武的国策。朝廷大兴科举制，优待文人，给了他们尊贵的社会地位，免他们如明清文人那样动不动就身陷文字狱的惊，免他们如魏晋文人一样脱离了强权就一文不值的扰，免他们在五代时被武人踩在脚下的辱。

在这些前提下，文人才有闲情逸致来打造自己的生活品质，于是这个时期的玉器有了坦坦荡荡的君子气息，有了别具一格的文人之美。

梅兰竹菊，君子品貌

　　文人意趣和君子气息附着在器形和造型纹饰之中，让玉石单纯的自然之美多了几分人文情怀。造型纹饰上多是以梅兰竹菊为自比，还将许多仁义礼智信相关的故事雕琢成器。器形出现了玉制的文房用具，这几乎是前无古人的，有笔架、镇纸、砚滴、笔洗、印章等。浙江衢州南宋史绳祖墓出土了九件文房用具，有六件就是玉琢而成，有青玉笔架、水晶笔架、白玉荷叶洗、青玉莲苞瓶、白玉兔镇纸、白玉兽钮印等。

　　梅兰竹菊，早早流淌在中国文人的审美血液中，它们以各种姿态出现诗歌散文里，于是有了"遥知不是雪，为有暗香来""兰生幽谷无人识，客种东轩遗我香""声破寒窗梦，根穿绿藓纹""不是花中偏爱菊，此花开尽更无花"；又以各种招展的模样浮沉在绘画里，便有了元代高克恭画的《墨竹坡石图》，明代文徵明所

玉道㊂玉之美

白玉四君子纹笔管

白玉梅兰竹菊松纹罐

白玉岁寒三友图宝瓶

绘《漪兰竹石图》，清代恽寿平所画的《双清图》、八大山人绘的《瓶菊图》等等，不胜枚举。

文人偏爱它们，不是它们有多名贵，尤其是宋代文人已经挣脱了外物的扭解与控制，看中的自然不是花草本身的价值，而是它们身上凸显的与自己休戚相关的高贵品格。

梅花的品格，是于万籁俱寂之时悄然怒放，在寒冷的岁月中早早抚慰担忧的人们，不要怕，春天就要来了。它在万物等待复苏、天地最缺乏生机的时候独自诞生，自有桀骜的风骨抵御风霜，是"不要人夸好颜色，只留清气满乾坤"；它又在真正春天到来的时候逐渐凋敝，从来不争不抢，是"无意苦争春，一任群芳妒"；衰败之后化作春泥，滋养了其他在春天盛放的花朵，却留下了满园的芬芳，是"零落成泥碾作尘，只有香如故"。于是梅花是君子最看重的清介之气。

兰花幽幽，长在无人问津的深谷，不因不被欣赏而收起芬芳，不因清寒而不开放。兰叶刚直细长，花蕊清雅飘逸，最是懂得刚柔并济，也十分潇洒温良。于是屈原最爱它，但凡文章有花比拟，十有八九是兰花，"秋兰兮青青，绿叶兮紫茎""被石兰兮带杜衡，折芳馨兮遗所思""浴兰汤兮沐芳，华采衣兮若英"。至今在长江南岸九畹溪和仙女山还流传着屈原种兰的故事。

被楚怀王第一次放逐时，屈原带着自己的兰花在仙女山开班授课。有一天，仙女山上的兰花娘娘路过，看到屈原摆放在窗台上的兰花，便驻足停留听屈原跟学生讲他的爱国热情，讲到动情之处一口鲜血呕了出来。兰花娘娘被感染，便对窗台的兰花说："屈原忧国忧民，现在积劳成疾，你要好好关照他。"

当天夜里，屈原窗台的兰花闪动灵光，一瞬间长了十几株，清香铺满了整个庭院。第二天早上，屈原见此情状，一时感慨，便带着学生将兰花移栽到学校的空地上。从此之后，兰花入夜便疯狂生长，次日清晨屈原便四处移栽。就这样，兰花开满了仙女山，附近的溪水旁也都种满，后人便叫它九畹（兰花中的名品）溪。

翡翠岁寒三友图花插

兰花的清幽香气，淡泊的气质，花中名流，自成一派，倒的确是像极了有气节的文人们。

竹子没有花朵，只有直挺挺的枝干和锋利尖锐的叶子，内中虚空却有节，能耐得住严寒拷问，受得了寂寞相随。是"性孤高似柏，阿娇金屋。坐荫从容烦暑退，清心恍惚微香触。历冰霜、不变好风姿，温如玉"，是"人怜直节生来瘦，自许高材老更刚"。虚心有节，刚正不阿，君子风貌。

菊花身披金甲，如同寒冷年月中的战士，自带"冲天香阵透长安，满城尽带黄金甲"的凛凛威风，又有"耐寒唯有东篱菊，金粟初开晓更清"的坚韧不拔，又是"菊花自择风霜国，不是春光外菊花"的孤傲。不管别的花是否在寒霜的压制下折了腰身，菊花都有自己的风流，如同隐逸俗世之外的高人，这世界的所有纷争都与它无关。

除了四君子，松、竹、梅同为庭园中的佳品，松、竹经冬不凋，梅则迎寒开放，因此称"岁寒三友"。明清时期的文人、画家多以此写物抒情，表现文人雅士的高尚情怀。

关于松竹梅岁寒三友，更有大文豪苏轼的著名典故流传。北宋神宗元丰二年，苏轼谪居黄州。为了改善生活，他开垦了数十

白玉贴金彩绘岁寒三友图笔筒

亩荒地种植，当地人把这片荒地唤作"东坡"，苏轼便自号"东坡居士"。友人来看望他，打趣道，你在这房间起居睡卧，当天寒飘雪时，人迹难至，不觉得太冷清吗？东坡居士手指院内花木，爽朗大笑，"风泉两部乐，松竹三益友"。友人闻言，肃然起敬。

"风泉两部乐，松竹三益友"。意为风声和泉声是可解寂寞的两部乐章，枝叶常青的松柏、经冬不凋的竹子和傲霜开放的梅花，是可伴冬寒的三位益友。从这两句诗，便可看出东坡居士高尚的情操和豁达的胸襟。东坡居士曾做题画诗："梅寒而秀，竹瘦而寿，石丑而文"。后人用松替换掉石头说："松逾霜雪而高洁"，从此松竹梅岁寒三友就成了文人们的高雅偏好与精神伴侣。

梅兰竹菊四君子，松竹梅"岁寒三友"，与温润的玉石合为一体，君子品德就此得到升华。

琴棋书画，君子才情

　　琴棋书画，指的是鼓琴、围棋、书法、绘画四种技艺。每一个中国古代的文人总要通笔墨、晓绘画，并或多或少懂得鼓琴与围棋，甚而四者皆通者也十之七八。这四种技艺可以说是古代文人的必修课了，因而又被称作"文人四友"。宋代以来，文人们喜欢将琴棋书画作为题材，雕刻于玉。琴的含蓄淡雅、平稳节制，棋的凝神静志、玄妙多变，书法的心正气和、澄神定虑，绘画妙不及神、神不及逸，都是君子所求，与有"君子化身"之称的玉相结合，更添文人情怀雅趣。

　　琴是有德之器，蕴含着丰富而深刻的文化内涵，千百年来一直是中国古代文人爱不释手的器物。鼓琴是礼乐文化的延续，君子琴思，以道释为观，进退有度，和合而一。琴乐的味外之旨、韵外之致、弦外之音，是琴乐深远意境的精髓所在。苏东坡在《减字木兰花》中写道："神闲意定，万籁收声天地静。玉指冰弦，未动宫商意已传。悲风流水，写出寥寥千古意。归去无眠，一夜余音在耳边。"字字珠玑，道尽了古琴的音韵之美。珠宝易得，知音难求，携琴访友，是玉雕历久弥新的主题。

　　棋是游戏，更是智慧。将千军万马的奔腾化成方寸之间黑与白的对决，这是国家戎事的演练，士人虽不习武，也可怀报国之心。棋局中变化多端，人生更是祸福无常。棋局如人生，落子无悔才是真君子。黄庭坚在《弈棋二首呈任公渐》中写道："偶无公事客休时，席上谈兵校两棋。心似蛛丝游碧落，身如蜩甲化枯枝。湘东一目诚甘死，天下中分尚可持。谁谓吾徒犹爱日，参横月落

白玉松下抚琴山子

不曾知。"果真是棋盘外一个世界，棋局里又是一个世界，纵横十九路，圈起了一座围城。

书者法象也，书法是效法于自然万象的艺术。心不能妙探于物，墨不能曲尽于心，便不识幽深之趣，比兴之情。书写之法，依于规则，又离于规则，法本无体，贵乎会通。我们常说，字如其人，观彼遗踪，悉其微旨，虽寂寥千载，若面奉微音。苏东坡在《石苍舒醉墨堂》描写到"兴来一挥百纸尽，骏马倏忽踏九州。我书意造本无法，点画信手烦推求"。可见书法完全是内心的表达，其魅力之无穷，与天地人和的大道也相贯通。

画以丹青水墨，幻化出云雨山川、花鸟虫鱼。师造化、法心源，不求形似、不慕世俗，在一张白纸上用色彩勾勒出自己的精神家园，创造出文人心中的那个理想世界。一红一青，都是情感，一浓一淡，都是心思。仁者乐山、智者乐水。当一幅画，走进了玉器，仿佛人也走进了山川。

琴棋书画之外，宋代的文人间还兴起了四般闲事，它们是焚香、点茶、挂画、插花。与琴棋书画相比，四般闲事缺少了一些文气，而增加了三分俗气，这是正经事之外的余兴节目，供人们放松休闲之用。虽然平添了很多生活化的气息，但不是每个阶层都能享受。焚香、点茶、挂画、插花无不需要参与者有很高的文化素养，

翡翠松下对弈图山子

才能掌握其中的学问和仪轨，也需要很高的审美情趣，才能达到那种真正超脱和闲适的乐趣。

　　梅、兰、竹、菊、松只是文人墨客用来比拟品格的客体，而抚琴、对弈、书法、绘画、焚香、点茶、挂画、插花，每一种技艺都是从无到有的创造和表达，都是艺术审美的美妙体验，这同琢玉有着异曲同工之妙。

仁义礼智，故事为纲

　　在玉雕诸多文人题材中，借用故事来表达仁义礼智信的涵义，相比梅兰竹菊的雕琢多了几分复杂的生动，也更能引起文人阶层的共鸣。先贤故事，最是动人又有说服力，他们早已将某些品德和智慧发挥到了极致，后人只需要拿来借喻便可以事半功倍。那些表现古圣先贤品德智慧、才能气节的经典故事，被附加到人文气息强烈的玉石之上，摆放在书房、厅堂、卧室，一步一题的陶冶着情操、启迪着思想。

文王访贤

　　在文王访贤之前，姜子牙的经纬之才被商纣王当成了只会占卜算命的雕虫小技，治国抱负被妻子当成连小生意都做不成的无能，就连钓鱼都被樵夫嘲笑不懂钓法。如果不是遇到了四处造访

翡翠文王访贤山子

贤能的周文王，姜子牙大概到死都不能施展一身治理天下的才华。千里马常有，伯乐难寻，周文王的礼贤下士，被世代传颂为开明的典范。

携琴访友

两千多年前，俞伯牙在汉江边操琴，钟子期恰好路过听到琴声，感慨说道："巍巍乎若高山，洋洋乎若江河。"高山流水的琴音终于有人知晓，俞伯牙有生以来的孤独感一扫而光，他欣喜地与钟子期攀谈起来，此后更常常相会，成为知己。钟子期死后，俞伯牙断琴，知音已去，此后抚琴给谁听呢！那骨子里的悲凉，凝固在了血液。知音难寻，有且珍惜。以携琴访友为题材，无非是在表达对知音的渴求与尊重。

墨白玉贴金彩绘携琴访友山子

苏武牧羊

苏武在公元前 100 年奉命出使匈奴却遭到扣留，匈奴贵族几次三番威逼利诱迫使其投降，却都遭到了苏武的拒绝。匈奴人把苏武囚禁在北海（今贝加尔湖，又说是甘肃民勤），让他拿着汉朝的符节去做放羊的工作，说等到公羊生子就可以释放他回国。这样受辱的日子一过就是十九年，十九年的每一天苏武都没有屈服，爱国之情是一种基因，在骨血里沸腾。

以玉雕成的苏武，往往手持符节，刚毅坚挺地站在中央，双目望向远处，似乎那是大汉的方向，一股凛然正气从骨到皮，感染了玉雕前的每一个你我。

翡翠三顾茅庐山子

玉道⊛玉之美

三顾茅庐

刘备三顾茅庐请出了诸葛亮，后世所有帝王都希望能有诸葛亮一样的治世能人为己所用，这种迫切感通过明代的宫廷画《三顾草庐图》传递给了朝野内外。在这幅画作中，人物刻画非常细腻，刘备的恭敬，张飞莽撞人的姿态，一清二楚表现出来。背景中的山石以大斧劈皴法画就，笔法苍劲有力，落笔干脆利落，墨色清雅。成为玉雕作品，也多是以此为蓝本。

隆中对

诸葛亮第一次登上政治舞台，就是以《隆中对》出现。刘备

翡翠隆中对山子

三顾茅庐,诸葛亮与其促膝长谈,为刘备的蜀汉事业规划出一个战略远景,周详地描绘出魏蜀吴三足鼎立的蓝图,并在这个基础上建立了包括内政、外交政策和军事策略在内的蜀汉政权方案,这就是《隆中对》的核心内容。将此展现在玉雕上,表达的是一种文人士大夫以天下安泰、百姓乐业为志愿的宏伟抱负。

归去来兮

"归去来兮,请息交以绝游。世与我而相违,复驾言兮焉求?"世俗之事跟我所愿所想相背,还努力探求来做什么呢?不如回家去,跟一切凡尘俗世一刀两断。陶渊明在放弃仕途归隐田园后,写了这篇《归去来兮辞》,此后不断有文人在诗词歌赋和绘画雕

翡翠归去来兮山子

刻中提到它，传递的是一种平静淡泊的心态，而且是真正的平静，并不是自命清高的假隐士。

虎溪三笑

东晋时的惠远高僧，居住在庐山西北的东林寺，素来喜欢结交，常常有许多名士造访。惠远为表明自己潜心研修佛法的决心，便以寺庙前的虎溪为界，立下誓约："影不出户，迹不入俗，送客不过虎溪桥。"但这一誓约却在陶月明和道士陆修静的到来被打破。当时三人相谈甚欢，惠远送他们一程又一程，浑然不觉已经过了虎溪界限，直到听到山崖中虎啸阵阵方才惊觉。三人相视而笑，作别彼此。

翡翠虎溪三笑山子

　　虎溪三笑的文字记载最早是五代末宋初石恪绘《虎溪三笑图》和宋代李公麟作《三笑图》，虽然有虚构的可能，但并不妨碍文人士大夫儒释道三教合一的希望和决心，这背后蛰伏的是一颗颗盼望天下安康、各种文化和睦相处的心。明清时代，虎溪三笑从绘画风靡到了玉雕，传达出的同样是和谐共处的讯号。

太白醉月

　　李太白爱酒，时常酩酊大醉，甚至有史记载他是死于饮酒过度。他的酒醉，不仅仅垂涎那杯中美物，更多时候是借着酒醉来抒写内心的豪迈、放诞、孤愤和感慨，于是醉后写出的文章诗歌更胜过清醒时分。文学作品中的太白醉酒，体现的时常是洒脱，比如清宫旧藏碧玉太白醉酒水丞，桃式容器，一大一小，大桃里

白玉贴金彩绘太白醉月图笔筒

空空如也，用来盛水，旁边用圆雕雕刻着李太白，他斜倚水丞，神态欢愉放浪，俊逸潇洒。

枫桥夜泊

月落乌啼霜满天，江枫渔火对愁眠。

姑苏城外寒山寺，夜半钟声到客船。

一首诗，二十八个字，说的不过只有一个"愁"字而已。那充盈于眼中的落月、风霜、江枫、渔火，不过是在给羁旅之人制造一个不眠的情境；不绝于耳边的钟声，虽然空灵，却加重了内心的孤独。静动明暗，江中岸边，萦绕的都只有浓郁的孤寂和哀愁。这个题材用在玉雕上，表达的也是久久挥散不去的伤感惆怅。

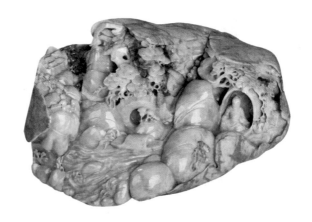

翡翠枫桥夜泊山子

翡翠松下问童子山子

松下问童子

松下问童子，言师采药去。

只在此山中，云深不知处。

几问几答，寓问于答，贾岛把他推敲出的文字秘密都袒露在这首简短的诗歌中。更神奇的是，二十个字竟然是有色彩的，有深山之中的青松郁郁，白云悠悠，青与白形成了跳跃又和谐的颜色对比，而这些色彩都跟隐者身份相符。虽然没有见到隐者，可见识到隐者所处的自然之中，充满了勃勃生机，同时也如白云般难以捉摸。这种色调几乎不需要修饰，只要循着文字去刻画，就是一件好的作品。

独钓寒江雪

千山鸟飞绝，万径人踪灭。

孤舟蓑笠翁，独钓寒江雪。

只是读一读，便有一种幽僻清冷的感觉从周身蔓延。细细想来，柳宗元那抑郁悲愤的心情便能感同身受，似乎就在眼前展开了一个画面：江边水面都是苍苍白雪，没有人烟，连一只飞鸟都不曾露面，只有一个老翁撑着一艘孤舟，在孤寒中垂钓。灰白的

翡翠独钓寒江雪山子

色调散发着阵阵寒意，却又隐隐能感觉到一种遗世独立的傲然姿态。后世有许多以此为蓝本的作品，比如收藏在日本东京国立博物馆的宋代马远所作的《寒江独钓图》和北京故宫博物院藏清代朱耷《秋林独钓图轴》，画面都是以老翁垂钓为中心，四周用淡墨数笔勾勒出水纹，四周是大片的空白，视野极为宽阔。感官上是赤裸裸的寒气，是寂静萧条，但又有说不清道不明的淡泊超然。

夜游赤壁

苏轼贬谪湖北黄州，先后两次在赤壁游赏，分别写下了《赤壁赋》和《念奴娇·赤壁怀古》，成为后人争相传颂和艺术品刻画的典范。

黄玉夜游赤壁山子

作为玉雕出现，夜游赤壁中月色、苍松、烟波浩渺、耸峙峭
壁等风景都被细腻雕琢。在这清隽的夜色之中，苏轼和友人佛印、
黄庭坚乘坐小船缓缓前行，是欣赏风景，更是感怀古今，谈论那
时移世易的轻易，探讨那无常虚幻的人生。文字里所表达的慷慨
激昂、抑郁沉挫，全都在这小小的玉雕之中。

以意象雕刻玉器来还原一个时代的审美情趣，传递来自遥远
时空的人生哲学，可以夸张，可以内敛，可以奔放，可以含蓄，
这足以证明无数能工巧匠苦思冥想的，从来都不仅仅是外形上的
无限接近，更重要的是情绪的导出和品格上的激励。

第九章

意必吉祥

玉器的祝福

"

　　一件观音菩萨的玉雕，形象千篇一律，却
总是能从类似的形象中读出不一样的神韵。菩
萨是在打坐入定，还是在教化众生，他入定时
想了什么，教化时说了什么，都能望着玉佛生
出广袤的想象空间。

"

吉祥图案，市井文化

从宋开始，玉器带着新奇又忐忑的目光迈进了民间的大门，它一边审视着全新的市井世界，一边守护着与生俱来的高贵典雅。这个世界和从前高高在上的神坛不同，它充满了浓浓的烟火味和人情味，散发出的是另一种世俗的审美趣味，就像这里的匠人会把大量象征吉祥如意的符号图案雕琢在玉器上。玉器世俗化，跟宋代城市经济的高度发展密不可分，在这个前提下，市民阶层崛起，市井文化成为宋代经济文化的重头戏。

市井，似乎有着几分粗鄙的意味。因为它诞生在街头小巷，容易变化而且缺乏秩序。可这又恰恰是它可爱的地方，立于街头而通俗浅近，兜售的都是普通百姓用得着、看得懂、喜欢吃的东西。就像走了许多路、饿了许久迫切需要的就是街头那一碗热馄饨，快捷又好吃，便宜又实惠，好过寻找酒楼名菜，还需要更多的时间和银两。这样的市井，反映着百姓日常生活和状态，就像一张脸，看得出这个城市的喜怒哀乐，虽然缺少庄严，谁又能说它不是另一种深刻？

宋代的城市，几乎模糊了居民和商铺之间的界线。市、坊不再分离，住宅和商户混在一起，商铺、酒楼沿街林立，居民的胡同小巷也都向街开放。同时模糊了时间，出现了早市夜市。宋人的夜生活比以往任何一个朝代都要丰富。而疯狂增长的人口，也让市井文化得到了滋润的土壤，不断蔓延开花。根据史料记载，北宋初年不过 650 万人，可是短短几十年后，北宋全国人口已经有 1600 万，到了宋徽宗时期，全国人口已经过亿。这样的增长速度，促生了大量的手工业者、小业主，推动了商品经济的繁荣，同时也出现了许多艺人、军士、吏员、仆役，还诞生了由妓女、流氓构成的寄生者群，这些阶层共同构成了市民阶层。

市民阶层是全国人数最多的阶层，从中生出的文化便是市井文化，或者说，市井文化符合这个阶层百姓的喜好。文化逐渐下移，诗词歌赋、绘画雕刻、瓷器玉器，统统走向了市井街头，表达的多半是民生祈愿，雕琢的是世俗民心。百姓很少有宏伟的愿望，多半是希望平安顺遂、吉祥如意，于是吉祥题材在宋代十分活跃。其实吉祥图案早在新石器时代就已有雏形，原来人类的愿望从始至终都是这样简朴，或许身份会变，年代会变，社会制度会变，爱好需求会变，唯独这个愿望从一而终。

　　早有雏形，但形式不同，图形各种各样，大小不一，有简有繁。载体也不同，可以是一幅画，可以是一件瓷器摆设，可以是绳子打成的吉祥结。作为玉器，吉祥图形受到关注的更多是题材、雕刻手法和图案形式。题材自然是五千年文明凝结而成的神话传说、寓言故事、吉祥图案，以及一切能表现喜庆、快乐、健康的元素。匠人们或以虚拟夸张的手法，或以写实的手法将其加以塑造，以平面、浮雕或圆雕的技法入型，形成了寄托着人类美好愿望的挂件、摆件、把玩物等等。

白玉贴金彩绘五子登科如意

匠人们常常在创作玉雕时用意象艺术中的"借用"手法来表达情感和祝福，就像鸽子象征和平，白头翁意为夫妻和睦，天鹅代表纯洁优雅，鹭鸶意象一路连科或平安等等。而在意象艺术中，匠人们还常常用夸张、变形、重组、谐音的手法来进行玉雕创作。夸张比如鸡象征着官上加官、教子成名（鸣）、鸿运当头、大吉大利；仙鹤意象为高升一品、六合同春、富贵长寿；喜鹊象征喜从天降、喜上枝头；鸳鸯代表情投意合、两情相悦；凤凰代表百鸟朝凤、望女成凤、龙凤呈祥。

变形则多用在与鱼虾有关的作品上，鲤鱼有着鲤鱼跳龙门、

翡翠教子成名摆件

玉道㊂玉之美

翡翠连年有余摆件

翡翠官上加官摆件

鱼化龙（平步青云）、吉庆有余、渔翁得利（与渔翁一同出现）；鳌鱼是独占鳌头；鲶鱼为年年有余；金鱼象征金玉满堂；虾代表活力十足；龟是平安长寿、预知吉凶；螃蟹可以横行天下；青蛙呱呱一叫便财源滚滚。

重组多半是几种动物组合出现，出现了新的寓意，比如龟与鹤一同出现是延年益寿；鹌鹑和麦穗一起意为岁岁平安；桂花和蝙蝠是福增贵子；鸡冠花和公鸡是官上加官；莲藕荷花寓意佳偶天成、一清二白；蜜蜂和人参代表甜蜜人生。

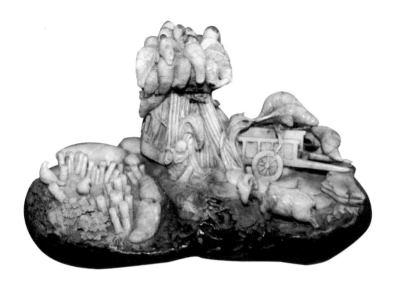

翡翠岁岁平安摆件

谐音比较多，常见的有蜘蛛，代表知足常乐。这种弱小的动物，活在文人的笔下却是不甘寂寞的活跃，元稹写道"檐前袅袅游丝上，上有蜘蛛巧来往"，南北朝时又有"喜蛛应巧"的说法。七夕时乞巧的女孩们在庭院中摆下瓜果诚心祝祷，祈求获得一双织女的巧手，如果有蜘蛛在瓜果上织网，便是可以心想事成。

福禄寿喜，各有所表

如果要细细分辨，玉雕中吉祥图形基本上可以分为人物、动物、植物、文字这四个方面的各种组合。

人物类吉祥图形，常见的有孩童、观音、弥勒、罗汉、释迦牟尼、仕女等。孩童象征着无邪烂漫，没有叵测的居心，没有恶意的诡计，这种纯净澄明的内心，对于任何时代的人类来说都是一种福气；弥勒总是笑口常开，容纳着天下难容之事，笑着面对天下的烦恼，是一种智慧的象征；观音、罗汉、释迦牟尼，都是关爱众生，为众生拔除痛苦，让众生离苦得乐的大智者，是一种只要诚心祈祷一定会达成所愿的类似神明的存在；仕女则优美风流，轻松就能俘获大众的喜爱。

除此之外，还有许多神话中的人物，只要代表积极正面的能

翡翠布袋和尚摆件

玉道㊣玉之美

碧玉福禄寿喜摆件

青玉刘海戏金蟾摆件

量，就都可以出现在玉雕中，比如福禄寿三星；比如刘海戏金蟾，刘海是民间传说中的孝子，以砍柴为生奉养母亲，林中狐仙胡秀英看中他的人品而与他相爱成亲。婚后不久，胡秀英飞升成仙，临行前从口中吐出一颗白色珠子，嘱咐刘海用珠子为饵钓起丝瓜井里的金蟾，由此可以得道成仙，刘海照做果真钓到金蟾，他一跃坐到金蟾背上飞升为仙；其余像渔翁寓意渔翁得利，黄财神象征财源滚滚等等。

动物类吉祥图形，分为现实中的动物和神话中的瑞兽，包括锦鲤、灵猴、老虎、鸳鸯、喜鹊、乌龟、仙鹤、小鹿、龙凤、金蟾等等。它们有时单独出现，更多时候是组合雕刻，比如一只猴

翡翠灵猴献寿摆件

玉道㊂玉之美

骑着马，寓意马上封侯。马上封侯这种比喻大抵可以追溯到汉代，出土于西汉的空心砖上画着天马、猴子、树木、飞鸟和骑士，两只猴子在树上嬉戏，下面是两匹神骏天马。猴子一直是吉祥的动物，传说可以避免马出现瘟疫。而对于尚马的汉代人来说，马匹强壮健康就意味着能征善战，可以从战场凯旋。于是这块"马上封侯"的空心砖肩负趋吉避凶的使命。到了明朝，马上封侯变成了加官晋爵，并且以玉器的形态出现。

植物类吉祥图形除了梅兰竹菊之外，还有牡丹花、水仙花、灵芝、荷花、玉兰花、桂花、桃子、石榴、佛手瓜、葫芦、花生等等。它们多以谐音、外形、品格等寓意出现在玉雕中，或是单

翡翠富贵金蟾摆件

翡翠鸳鸯戏水摆件

白玉人生多子摆件

玉
道
㊂
玉
之
美

翡翠福禄五子摆件

青白玉招财进宝摆件

青白玉喜上眉梢如意

独出现，或是互相结合，传递的都是古往今来生生不息的瑰丽祝福，比如石榴寓意多子，荷花寓意纯洁，葫芦寓意福禄，桃子寓意长寿等。

文字类吉祥图形有着自己的名字，叫吉祥文字，比如福、禄、寿、喜、财、吉祥如意、佛教中的"卐"等，它们常常出现在铭文、款字、挂件中。

组合类吉祥图形通过不同的组合产生新的寓意，比如五只蝙蝠象征着五福临门，它们围着铜钱，则是福在眼前；梅花和喜鹊在一起是喜上枝头；仙鹤与青松代表松鹤延年；将象征长寿、多子、富贵的动植物放在一起，形成了华封三祝。

关于华封三祝有不少传说和典故，最早是出现在《庄子·天地》中，圣人尧出巡华州，驻守华州的人看到尧说："这不是圣人吗？请让我为你祝福，请求上天让这位圣人长寿。"尧说："请你不要这样说。"驻守又说："那我请求上天让你富有。"尧说："请你不要这样说。"驻守再说："那我请求上天让你多子。"尧说：

白玉华封三祝如意

"请你不要这样说。"驻守不解地问："长寿、富有、多子，都是人们最希望拥有的，您却不希望，为什么？"尧回答："多子会增加人的畏惧，富有会招来更多祸事，长寿让人蒙受更多屈辱，这三件事都不能厚养德行，所以我拒绝。"

尽管完整的典故传递的是敬重自然的天道之观，但善于捕捉美好讯息的人们总是会提炼出吉祥的那一面，于是流传至今的华

青玉福寿双全笔洗

封三祝只保留了对圣人多子、多寿、富有的祝福。

乾隆皇帝的结发妻子皇后富察氏节俭成性，位居中宫却从不挥霍，平常不佩戴珠宝金钗，只会以自己亲手做的绒花为装饰。有一次，乾隆无意中跟皇后说满洲旧俗里会拿鹿尾绒毛替代金线缝制袖口，皇后便记在心里，每年都用鹿尾绒线缝制荷包、布鞋献给皇帝，上面绣的都是华封三祝。皇帝敬重皇后的节俭用心，便命人仿制皇后的布鞋、荷包赐给皇子和群臣。

乾隆六十年正月初四，乾隆禅位嘉庆。为了弘扬尊老爱老的仁爱理念，召集全国五千多名七十岁以上的老者在宁寿宫举行"千叟宴"，并赐给每位老翁一双华封三祝的棉布鞋。孝贤皇后的贤德名声便随着这一场声势浩大的宴席传遍了天下，华封三祝也常被称为三多（多子、多寿、多财）而飘红大清的每个角落。

清代底层人口的激增，给了吉祥文化持续生长的土壤。由宋代发展起来的吉祥文化，在清代达到了顶峰。掌握政权的满族有着强烈的神灵崇拜，也有着独特的民俗文化，它同关内的汉文化相互融合，形成独具特色的清代吉祥文化。清代的统治者在日常生活中非常看重吉祥祝福的表达，他们坚信只要把衣食住行都贴上吉祥的标签，就能规避邪恶，好运气就会一直围绕他们，甚而奴才们还要一个个的满口"主子吉祥"的讨口彩。

清代的开国君主努尔哈赤喜欢蝙蝠。传说他有一次同明军作战失利，翻身滚落马下，幸亏突然飞来一群蝙蝠，遮天蔽日地阻挡了明军的进攻，他才得得以逃脱，因此认为蝙蝠是吉祥天神的使者，能够驱邪避凶。所以有清一代的吉祥图案中，充斥着蝙蝠的身影，玉雕上则常常以五只蝙蝠来表意"五福临门"，用蝙蝠和桃枝来象征"福寿双全"。

无论吉祥图案换了怎样的外貌，其中的意始终如一，是祝福，是祈愿，是人类对于人间很值得的一次次验证和探究。

工必有意，意必吉祥

对吉祥寓意的执念太深，玉石行业才会形成一句老话"玉必有工，工必有意，意必吉祥"。广泛而论，这其实是对玉雕形和意的探索，最终达成的是形意合一的高级境界。一块高冷的玉石，在没有寄托人类无限美好的祝福与遐想之前，拥有的生命是天地哺育的质朴，不断在匠人的思潮中辗转，才生出了鲜活的命脉。

吉祥玉雕的鲜活，在于形，更在于意。形的意义在于取悦人的眼睛，让玉雕先成为视觉上的享受，才会有追寻其意的兴趣。匠人在形上的设计费尽苦心，每一次雕琢都只能趋向于完美，稍有不慎根本没有重新来过的机会。而更难的是要在固有的形上进行创造，创造出符合当下的时代背景、文化经济、技术水平和审美趣味的作品。

既不能脱离这件作品本身的寓意，又要足够新颖别致。就像同样是马上封侯，明代的作品很难去挑剔玉质，因为那时和田山料非常难采，但凡采集到都会送入皇宫，于是民间雕琢的马上封侯在玉质上有不少瑕疵。而到了清代，和田山料得到了大规模的采集，不再难以获得，民间马上封侯的玉质便有了更加通透的外形；明代皇帝对于封侯非常吝啬，就像开朝重臣之中，只有徐达、常遇春封为公，少数武将封侯，其他文人大部分封伯，就连刘伯温也不过是伯而已。而清代封侯就比较慷慨，于是明代的一件马上封侯所承载的愿力自然要比清代出生的马上封侯强烈许多。明代的马上封侯在雕琢上多了些刻板，就像朱元璋缔造的世界一样等级森严、条令严苛、简朴刻板，清代的却多了点俏皮与圆润，像极了对汉文化充满了好奇心的满族帝王。

白玉马上封侯摆件

墨白玉观音坐像

　　匠人在形上扮演的更像是传承者，传递着一件作品本身带有
的时代烙印和历史意义。而在这个基础上，匠人又是独特的，他
们并不甘心只是搬运时代，而是想赋予时代更多的审美内涵。于

是他们在自己的作品里投入想法与感受，将与玉石初次见面的情绪和对历史的感怀统统揉入了作品之中。就像人类有了皮囊的同时不断通过学习和历练来充沛头脑与精神，玉雕在有了形的同时也承载着它该有的意或神。

一件观音菩萨的玉雕，形象千篇一律，却总是能从类似的形象中读出不一样的神韵。菩萨是在打坐入定，还是在教化众生，他入定时想了什么，教化时说了什么，都能望着玉佛生出广袤的想象空间。

一件莲花的玉雕，看上去都是莲花的样子，有的从中读出了

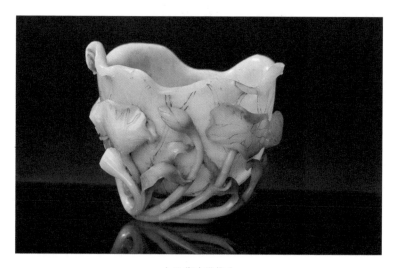

白玉荷叶形笔洗

"出淤泥而不染，濯清涟而不妖"的高洁，有的却从中读出慈悲与智慧的佛心。

匠人在细微之处的变化，渲染出不一样的氛围，传递出多元化的生命力，这是形神兼备带来的力量。它不仅是物化，而且是将一种热情、信仰根植其中，形成了意的气场，感染每一个为玉风尘仆仆而来的灵魂。

吉祥图案是传递讯息的视觉符号，是将虚拟和抽象以实际的形态展现出来的载体，使得一件吉祥玉雕看到的是一种，想到的是另一种。就像一件葫芦挂件，看到的只是葫芦而已，可想到的却是福禄双全。

或许从一开始，从先民们生出的第一个用形态来表达思想的念头开始，艺术所承载的就是道。工不过是一种手段，一种媒介，一座通往人类丰富的精神世界的桥梁，意中之道才是桥梁那头的核心。这种道不是玄而又玄、捉摸不透的虚空，而是人类对善良、美德、智慧、信仰的不懈追求。比如竹子和蝙蝠组合在一起，是祝福的意思；人参与如意一起出现，是一生如意的意思，这些寄予厚望的美丽愿望，都是人们对真善美的渴求。

宗白华在《美学与意境》中写道："意境是'情'与'景'

白玉白菜摆件

的结晶品……艺术世界里情景交融，相互的融会贯通，从不同的艺术境界里发掘出深刻的情感，深刻的情感变得愈加强烈，转化为最深的景，一层比一层更晶莹的景；这样的状态下，情景融为一体，深的情幻化出一个概念，再转换为新的景，形成了一个独特、崭新的画面，创造出了新的意象。正如恽南田所说'皆灵想之所独辟，总非人间所有！'这是我的所谓'意境'。"

情感与实物的虚实结合，就是雕琢玉的过程。与其说雕玉雕刻的是物，不如说雕的是心与性。而人生漫长，又何尝不是一场"工必有意，意必吉祥"的修行与向往，从来求的不是那一件件可以量化的东西，而是东西带来的愉快与满足；追索的也不是成就本身，而是成就带来的没有形态却实实在在存在的价值；期待的也不是具象的实物，而是实物所承载的可以幻想出的一切美好。

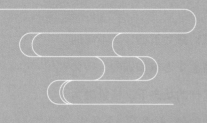

第十章

玉字生辉

斜玉旁的美好

"

　　一旦跟玉产生联系，脑海中总会不自觉勾
勒出一个温婉白皙的女子形象，她可能是金枝
玉叶，也可能是小家碧玉，长得亭亭玉立，不
动时已是玉色瑗姿，挪动玉步更有了玉山倾倒
的美感。她冰清玉洁，等待着被爱人捧在手心，
期盼爱人能怜香惜玉，共赴白头。

"

玉字表意，尽皆美好

夜色如许，月影婆娑，少女骤然初开的情窦，如诗如画的美景，崔莺莺在房中忐忑又热情地等待情人张生的到来。她太想念，却又碍于母亲的阻拦而不敢相见，于是嘱托红娘悄悄送了一封信给张生，上面写着：

待月西厢下，迎风户半开。
月移花影动，疑是玉人来。

她相信张生会懂，那是莺莺与他夜晚相约的讯息。张生也的确懂了，他激动兴奋地把信紧紧握在手中，入夜时分偷偷翻墙进了莺莺的闺房。这一路坎坷，都化作一夜激烈的缠绵。世间所有的无奈、不堪和痛苦，都在此刻消失殆尽，留下的只有满园爱情的气息。

白玉贴金彩绘四美图插屏

后人拿着《西厢记》，心中生起按捺不住的忧伤，每每相思时都会想，那月影下的花树颤动，是否是心中的玉人披星戴月为自己而来。

玉人，成为一种良人形象的象征，这是玉在文学中为人们构筑的美好。

赵匡胤以兵变开朝，做了皇帝后怕有人像他一样拥兵自重，于是制定了重文抑武的国策，建立起一个庞大的士大夫集团，对文人的宠爱登峰造极。但五代战乱太久，大多数人为了生计都在习武，爱读书的人少，国策很难推行。到了第三任皇帝宋真宗，

白玉侍女香水瓶

为了鼓励士人读书，特地写下了：

> 富家不用买良田，书中自有千钟粟。
> 安居不用架高楼，书中自有黄金屋。
> 出门莫恨无人随，书中车马多如簇。
> 娶妻莫恨无良媒，书中自有颜如玉。
> 男儿欲遂平生志，五经勤向窗前读。

读书可以换取功名利禄，可以成就与心爱姑娘的花好月圆。清代蒲松龄更是在《聊斋志异》中塑造了一个书中精灵的美女形象，直接取名为颜如玉，长相"下几亭亭，宛然绝代之姝"。

玉，以其美之意象渐渐渗透人们生活，成为又高雅又通俗的存在。高雅是因为它可以成为价值不菲的艺术品，通俗是任何人都可以为自己的女儿取一个和玉有关的名字。生活中的方方面面也都可以拿玉来比附，比如酒可以称为琼浆玉液，人可以冰清玉洁，有才华是抱玉握珠，富有无忧的生活是锦衣玉食……

而在诸多美感中，用玉之美来形容女子之美的占了一大部分。美人被称为：玉人、玉女、玉儿、玉奴、玉京人、玉妹、玉娥、玉姝、玉芙蓉、玉钗、玉叶冠（女子中出色的那个）。仙女称为玉仙、玉友、玉妃、玉华。

美人的容颜有玉面，"织成屏风银屈膝，朱唇玉面灯前出"；玉容，"玉容寂寞泪阑干，梨花一枝春带雨"；玉颜，"马嵬坡下泥土中，不见玉颜空死处"。又有花容玉貌、粉妆玉琢、金相玉质、仙姿玉色、玉肤雪貌、璨然若玉、如花似玉。

细细分下去，容颜五官又各有不同的形容，美人的眼睛是玉溜、玉泽；美人的鼻子是玉庐；美人的脸庞是玉脸、玉颊；美人的发髻是玉簪、玉搔头、玉鬓。就连美人的鼻涕、眼泪、唾液都有以玉为美的比附，鼻涕是玉筋，眼泪是玉箸、抛珠滚玉、玉痕，哭声是玉啼，唾液是玉唾、玉津、玉泉、玉浆、玉醴。

美人的身体是玉躬、玉都、玉软、玉柔、玉软花柔、玉楼（美人肩）、玉体。四肢肌肤也各有形容，美人手被称为玉爪、玉手、玉掌、玉尖、玉指、玉葱、玉纤、玉笋、白玉莲花杯、玉甲、玉

白玉侍女香水瓶

纤纤；美人的臂又称玉藕、玉臂、玉柄、玉腕；脚有玉弓、玉笋、玉趾、玉钩之称；肌肤更是被唤作玉肌、玉软、玉雪、玉质、玉娇、玉骨冰肌、香软玉嫩、香肌玉体、软玉温香。

一旦跟玉产生联系，脑海中总会不自觉勾勒出一个温婉白皙的女子形象，她可能是金枝玉叶，也可能是小家碧玉，长得亭亭玉立，不动时已是玉色瑗姿，挪动玉步更有了玉山倾倒的美感。她冰清玉洁，等待着被爱人捧在手心，期盼爱人能怜香惜玉，共赴白头。

除了与美人相依偎，玉也几乎走进了日常中的许多方面。表达人品的高洁用玉雪、玉怀、玉府、玉节、冰清玉粹、精金良玉、怀瑾握瑜、琼枝玉树、冰壶玉尺、冰清玉润；表现坚贞有玉立、玉性、玉心、玉色、玉折、松贞玉刚、琨玉秋霜、宁为玉碎；表

青玉八边形兽纽盒

青玉兕首角形杯

达事物的珍贵有玉苗、玉编（珍贵的书籍）、玉字、玉食、玉笔（宫廷用笔）、尺玉（直径一尺的宝玉，比喻大而珍贵）、炊玉（用如玉般珍贵的米、粟做饭，形容食物珍贵或者物价高而生活困难）、银钩玉唾、金玉锦绣、金玉良言、零珠碎玉。

形容有才学的人称玉笋、棷玉、丰年玉等等。丰年玉有段典故，说的是东晋时期的名士庾亮。庾亮是当朝皇后明穆皇后的兄长，属于外戚，父亲是丞相庾琛。庾亮年少时便以方正严峻的风格闻名，步入仕途后又平定多次叛乱，杀伐果断，原则刚硬，后人称他是丰年美玉，寓意太平盛世中的人才。

瑚琏之器说的是孔子的学生子贡拜问老师怎么评价自己，孔子说他是有用之器，子贡问是什么样的器量，孔子说是像瑚琏一样的重器。瑚琏是古代祭祀时用来盛放黍稷的尊贵器物，用玉制作而成，夏代的叫作"瑚"，商代的叫作"琏"。孔子这么评价子贡，是对他才干高度的肯定。只有能担当大任的人，才能比拟成国家祭祀这样重要的场合使用的玉器。

芝兰玉树也是一个形容人才的成语，说的是东晋太傅谢安的逸事。谢太傅有一次问家中的子侄们："你们小辈儿们为什么还要过问政事，为什么一定要把你们培养的优秀的人呢？"大家都说不出个所以然，只有太傅的侄子车骑将军谢玄回答道："就好

墨白玉竹节形茶具

像灵芝似的兰草和美玉似的宝树，谁不愿意它们长在自己家的院子里面呢？"谢太傅听了之后非常开心。而芝兰玉树、谢庭兰玉也就成了优秀子弟的代名词。

除此之外，又有玉柱擎天、玉振帘衣、咳珠唾玉、金声玉润表示才华横溢，又有金友玉昆、金声玉振来形容德才兼备，还有被褐怀玉来表达出身贫寒却满腹才学，又将两个有出色人品和才学的人的联合叫珠联璧合。

天下所有美好都和玉之美一样令人愉悦而向往，同时似乎人间的一切俗物以玉为名都会清新脱俗，于是人们孜孜不倦地为许多事物冠以玉之名：玉衣、玉袂、玉袖、玉剪、玉锁、玉盘、玉鉴（镜子）、玉机、玉梭；普通的砖瓦木梁和玉联系在一起，诞生了如仙境般的玉闺、玉庭、玉户、玉关、玉牖、玉窗、玉柱、琼楼玉宇、琼台玉阁；车马簇簇有了玉车、玉轮、玉辋、玉辇、玉銮；乐器生出了玉吹（管乐器的美称）、冰弦玉柱（对琴瑟之类乐器的美称）……

斜玉在旁，文学为魂

　　爱美心切的人们不仅用玉来形容生活中能见到各种美物，也在汉字中融入了玉的美感，将一切瑰丽、高雅、可爱的东西都以斜玉为偏旁，用来表述对玉对物无法言喻的热爱与盛赞，于是随便打开一本字典，里面就有无数汉字以玉为喻，展现着各自的美态。

　　然而奇特的是，大部分以玉之美入意的字是王字旁，比如珀、琮、璃、琉、琼、璇、琅、瑭、玟、琊、琪、瑾、瑛、理、珙、珥、瑚、珊、顼、琦、珑、瑗、球、琢、玩、珈、珲、琏、瑟、琥、琶、瑶、珏、琴、环、璩、玮、珐、璨……有的直接是玉的一种，表现的是不同形态的玉，比如璞、环、瑗、珪、璜、琮；有的是像玉一样珍贵的宝物，比如珀、璃、琉、琥、瑚、珊、珍、珠；有的是像玉一样的光彩，璀、璨、瑛等等。

丰富多彩的斜玉旁字

　　其实王字在古老的汉字里，被称为斜玉旁。

　　王和玉在甲骨文、金文时期可以区分，尽管看上去都是类似
三横一竖，但王字更像斧钺，玉字更像是用绳子串起来的玉片。

　　《说文》中写："王，天下所归往也。董仲舒曰：'古之造文者，
三画而连其中谓之王。三者，天、地、人也，而参通之者，王也。'
孔子曰：'一贯三为王。'""玉，石之美。有五德：润泽以温，
仁之方也；䚡理自外，可以知中，义之方也；其声舒扬，专以远闻，
智之方也；不挠而折，勇之方也；锐廉而不忮，洁之方也。象三

玉之连。｜，其贯也。阳冰曰：'三画正均如贯玉也'。"

但到了战国时期，隶书中的王和玉就几乎一模一样。为了更好地区分，只能在王字加两点。到了汉代，两点变成了一点，这才有了今天的王和玉。

不过古人认为，当玉作为左边偏旁的时候，没必要非要加一点来区分，便在楷书到来的时代，只是把王字最下面的一横向上提，以表示它本是斜玉旁。于是如今许多和玉有关的汉字，多半是王在左边，但真正读起来，应该是斜玉旁。

文字以玉入形，以词刻骨，字和词连成句，便自然而然地以文学入魂。

中国第一部诗歌总集《诗经》中有许多描写玉、关于玉的诗歌：运用到玉声、玉的色彩、制作用途的《秦风·终南》："佩玉将将，寿考不忘"；《秦风·渭阳》："我送舅氏，悠悠我思。何以赠之？琼瑰玉佩。"

借喻品德高尚、容貌姣好的《秦风·小戎》："言念君子，温其如玉"；《魏风·汾沮洳》："彼其之子，美如玉。美如玉，殊异于公族。"

暮去朝来，时光流转，玉在后世的每个朝代都扮演着诗词歌赋中的白月光。《楚辞》中屈原祭祀楚地至高的天神东皇太一时写"抚长剑兮玉珥，璆锵鸣兮琳琅"，曹植在《洛神赋》里描写洛神倾城的样貌，用了"转眄流精，光润玉颜。含辞未吐，气若幽兰"。

　　魏晋时期个人意识觉醒，玉在文人笔下不仅仅是以玉喻德，更是表达了灵魂在出世与入世之间辗转的痛苦和孤独，便有了陆机的《招隐诗》："山溜何泠泠，飞泉漱鸣玉。"嵇含的《悦晴》："朝霞炙琼树，夕景映玉芝。"江淹的《班婕妤》："窃愁凉风至，吹我玉阶树。"陆机的漱玉一词更是被宋代女词人李清照引用，诗词总集名为《漱玉》。

　　唐宋时期，繁荣的经济带来了诗词蓬勃的生机，其中写玉的可信手拈来。李白在《上清宝鼎》诗中说："仙人持玉尺，度君多少才。玉尺不可尽，君才无时休。"用极度夸张的手法来赞美人才的难得。

　　李商隐晚年的某个夜晚被突如其来的哀伤所扰，或许是想起了逝去的妻子、逝去的青春年华，或许是担忧国家命运，随手提笔写下了"沧海月明珠有泪，蓝田日暖玉生烟"。

白玉沧海月明珠有泪摆件

　　杜牧离开扬州之后，怀念江南的山水和挚友，抬头看看独绝浪漫的月色，心中想起了当年和挚友一起在十里长街征歌逐舞的情形，不觉自问，不知道此时此刻的挚友，你在二十四桥上的哪一桥看着烟花女子吹箫歌舞，便有了"二十四桥明月夜，玉人何处教吹箫"。

　　李清照婚后与丈夫分别，重阳佳节不能相聚，思念成海，孤独地汹涌，便惆怅落笔，写下了《醉花阴》："佳节又重阳，玉枕纱橱、昨夜凉初透。"之后赵明诚三夜未眠希望写出一首词可以超过《醉花阴》，终以失败告终。难以超越的恐怕不是文学造诣，而是那一刻炽热强烈的相思。

白玉一帆风顺摆件

　　唐宋时代关于玉的诗词数不胜数，随手便有李白的"玉阶空伫立，宿鸟归飞急""我隐屠钓下，尔当玉石分"；杨万里的"碧香三酌半，玉笛一声新"；李贺的"采玉采玉需水碧，琢作步摇徒好色。老夫饥寒龙为愁，兰溪水气无清白。夜雨冈头食蓁子，杜鹃口血老夫泪"；更有千古绝唱，王昌龄的"洛阳亲友如相问，一片冰心在玉壶"；秦观的"指冷玉笙寒，吹彻小梅春透""纤云弄巧，飞星传恨，银汉迢迢暗度。金风玉露一相逢，便胜却，人间无数"；李清照的"沉香断续玉炉寒，伴我情怀如水""吹箫人去玉楼空，肠断与谁同倚"。

　　而玉在宋代还出现在话本之中。由于市井文化的兴盛，话本成为市井文学的佼佼者，其中最出色的以玉入魂的话本当属《碾玉观音》。

　　《碾玉观音》中的主角璩秀秀出身贫寒，父亲是个以装裱为
生的匠人，虽然有手艺却赚不到钱。秀秀从小懂事，苦练刺绣，
想着以此帮补家用，却在豆蔻年华被父亲卖给了咸安郡王，就此

墨白玉持莲观音像

失去了自由和希望。

秀秀在王府意外邂逅了碾玉匠崔宁，二人过的都是苦寒人生，也都是心灵手巧，所以很快从惺惺相惜变为互相爱慕。可这段爱情不久后被王府军校郭立告发，从而遭到郡王迫害，最终崔宁被发配，秀秀被杖毙。秀秀愤懑又放不下爱情，怨气和希冀凝结成了鬼魂，一边报仇一边找到崔宁再续前缘。

然而崔宁从头到尾软弱自私，虽然碾玉技艺高超，也有追求幸福的心愿，却无法像秀秀那样勇敢热烈。自始至终，崔宁身为王府中一个地位卑微的碾玉匠人，可以制造出上等的工艺品，却雕琢不出坚韧的心。他爱秀秀，但在东窗事发之后依旧选择了对

墨白玉西出阳关无故人山子

权势的唯命是从，他不但如实招供，并且把责任都推给秀秀，苟且之心扼杀了本应放肆生长的爱情之芽。

当他发现归来的秀秀是鬼不是人时，也没有"上天入地我随你去"的决心，反而吓得瑟瑟发抖不断告饶，求秀秀饶他一命。秀秀道："我因为你，吃郡王打死了，埋在后花园里。却恨郭排军多口，今日已报了冤仇，郡王已将他打了五十背花棒。如今都知道我是鬼，容身不得了。"随即拉着崔宁一起奔赴黄泉，做了一对鬼夫妻。

碾玉，碾不出高贵的人格，这种以玉来反讽崔宁和他背后的封建权势，是诸多和玉有关的文学作品中较为独特的。相反，柔弱的女子却有宁为玉碎不为瓦全的刚强，以一己之力在封建思潮中掀起风浪，是真正的冰壶秋月，纤尘不染。

这种将玉放入传奇小说中的手法，在元明清时期得到了极致的释放。这个时期虽然也有马致远回首望断天涯路，追思寂寥时光的元曲"人初静，月正明。纱窗外玉梅斜映"，有以身殉国拒绝投降元朝的陈子龙写下的"手持玉觥不能饮，羽声飒沓飞清霜"。更有《紫钗记》中唐代陇西才子李益与霍小玉以玉钗为媒的爱情故事，《荆钗记》中南宋才子王十朋与钱玉莲以玉钗为聘的爱情故事，《玉簪记》中南宋道姑陈妙常与书生潘必正以玉簪为证的

青玉偎坐侍女像

爱情故事，但当后人提起明清文学的玉文化，最先想到的多半是怀金悼玉的《红楼梦》。

　　根据学者统计，《红楼梦》中"玉"字一共约5700个，用玉为人名的约5300处。而玉不仅仅是《红楼梦》的素材而已，更是立意，把持着整个情节的走向，里面还借人物之口表达了玉的高洁和不入俗流。探春说"玉是精神难比洁，雪为肌骨易销魂"，宝钗说"淡极始知花更艳,愁多焉得玉无痕",宝玉是"出浴太真冰作影,捧心西子玉为魂",黛玉是"半卷湘帘半掩门,碾冰为土玉为盆"。

后世同样有以玉为载体的文学作品,霍达的《穆斯林的葬礼》、周振天的《玉碎》等等。玉文化和中国文学的水乳交融,亘古未变。

事实上,玉文化不仅仅是文学载体,也是中华民族中一切美好诉求的重要载体,它专属于中华民族,而这个民族是世界上唯一用玉又知玉、尚玉的民族。没有人比中国人更能参透玉中的大美,那是对自我的要求,是看透人间冷暖却热爱如初的坚决。活着,应该像玉一样,死了,也应该是"生刍一束,其人如玉"。

玉之美

何为玉	石之美	天生就	文质斐
石韫玉	使山辉	水含珠	令川媚
廉不刿	垂如坠	瑕瑜见	天下贵
至透通	脂柔和	清正明	温润泽
色鲜洁	茂华光	声清越	以远扬
藏为宝	剖为符	传在口	著于书
念君子	德如玉	无缘故	玉不去
比美人	颜如玉	有玉容	为玉女
寒冰清	白玉洁	晶玉肌	韵如雪
琼玉液	金玉声	昆玉友	玉汝成
他山石	可攻玉	玉不琢	不成器
如玉树	谢庭栽	瑚琏器	玉尺才
化干戈	为玉帛	珠玉润	人和合
美玉制	千秋器	良匠工	得不易
云雷图	龙凤纹	飞天舞	销人魂
游丝毛	细如针	镂空雕	摄人心
汉八刀	简有力	痕都工	薄如翼
玉有工	工有意	意吉祥	祝福俱
此真意	动人深	玉之美	在吾心